中国合同节水管理

◎ 郑通汉 著

中国水利水电出版社
www.waterpub.com.cn
·北京·

内 容 提 要

    合同节水管理是一种新型的市场化节水机制。其核心是节水技术改造全过程的契约式管理。合同节水管理模式可广泛应用于节水改造水污染治理、水环境治理、水生态修复、高效节水灌溉等领域，是降低地方政府公共财政当期支出压力，提升区域水资源、水环境公共产品供给能力，改善政府公共服务质量、提高服务效率、促进区域经济社会发展的重要手段，是用水户、节水服务企业、政府、社会相关利益者多方共赢的投资模式。

    本书结合试点实践，首次系统论述了我国节水事业发展的现状、合同节水管理的理论基础、顶层设计、实践探索、推行合同节水管理需要解决的重大理论与实践问题、政策建议等一系列推行合同节水管理、促进节水服务产业发展的重大问题，为落实"十三五"规划纲要中提出的"推行合同节水管理"提供了理论支撑。

    本书可供广大节水企业、涉水金融企业、互联网金融平台、水环境、水生态治理与保护相关领域研究和工作人员参考。

图书在版编目（CIP）数据

中国合同节水管理 / 郑通汉著. -- 北京 ：中国水
利水电出版社，2016.9
   ISBN 978-7-5170-4742-1

Ⅰ．①中… Ⅱ．①郑… Ⅲ．①节约用水－研究－中国
Ⅳ．①TU991.64

中国版本图书馆CIP数据核字(2016)第220486号

书　　名	**中国合同节水管理** ZHONGGUO HETONG JIESHUI GUANLI
作　　者	郑通汉　著
出版发行	中国水利水电出版社 （北京市海淀区玉渊潭南路1号D座　100038） 网址：www. waterpub. com. cn E - mail：sales@waterpub. com. cn 电话：（010）68367658（营销中心）
经　　售	北京科水图书销售中心（零售） 电话：（010）88383994、63202643、68545874 全国各地新华书店和相关出版物销售网点
排　　版	中国水利水电出版社微机排版中心
印　　刷	北京嘉恒彩色印刷有限责任公司
规　　格	170mm×240mm　16开本　16.5印张　238千字
版　　次	2016年9月第1版　2016年9月第1次印刷
印　　数	0001—3000册
定　　价	**48.00元**

序

　　我国是一个水资源短缺的国家。多年来，由于过度关注经济增长，不合理开发利用水资源，对水污染治理、水生态与水环境保护重视不够等原因，我国目前仍然面临着水资源短缺、水生态损伤、水污染严重等水问题的挑战。

　　国内外大量的治水实践证明，节水是解决水问题的革命性措施，节水是解决水资源、水环境、水生态问题的根本出路。解决中国水资源、水环境问题重点在节水。2014年3月，习近平总书记提出"节水优先、空间均衡、系统治理、两手发力"的新时期水利工作方针，把节水摆在水利工作首要地位，为我国节水事业跨越式发展拉开了历史大幕。

　　节水的原动力在市场。我国节水事业要实现跨越式发展，必须创新节水模式，必须依靠和尊重市场规律，必须加强政府引导和政策支持，必须将庞大的社会资本引入节水领域，必须将千万项节水技术、设备、器具都应用起来。

　　节水技术改造的基本属性是服务。与环保服务业一样，节水服务产业是战略性新兴产业的重要组成部分。创新节水服务模式，吸引社会资本投入节水服务产业，既可以缓解中国水问题，也可以助力水利加快成为国民经济第三增长极。

　　合同节水管理（简称为WSMC）是指节水服务企业与用水户以合同形式，为用水户指定项目筹集资本、集成先进技术，提供节水改造和管理等服务，以分享节水效益方式收回投资、获取收益的节水服务机制。合同节水管理模式源于合同能源管理，是在研究、分析、总结、论证中国国情、水情、水资源、水环境等本质特征基础上，结合合同能源管理在我国推行的经验教训、合同节水管理试点实践而提出的节水服务新模式。

党的十八届五中全会通过的《中共中央关于制定国民经济和社会发展第十三个五年规划的建议》明确提出要"推行合同节水管理"。由此开始，合同节水管理从一项具体的节水工作上升为国家战略。

为更好更快地推进合同节水管理，促进我国节水服务产业发展，加快解决我国水问题，笔者根据自身对合同节水管理的学习、研究和试点工作体会，总结形成本书，供大家在工作中参考。由于合同节水管理是新生事物，理论研究和实践案例不多，囿于个人水平有限，书中还有许多不足之处，请读者批评指正。

郑通汉

2016 年 7 月 1 日

目　录

序

第一章　合同节水管理产生的背景 …………………………… 1

　第一节　我国水资源、水环境主要问题 ………………… 2

　第二节　我国节水事业发展简要回顾 …………………… 16

　第三节　我国节水市场的现状与问题 …………………… 22

第二章　合同节水管理（WSMC）的理论基础 …………… 27

　第一节　水资源管理公共物品理论 ……………………… 28

　第二节　节水经济学理论基础 …………………………… 31

　第三节　节水服务产业链理论 …………………………… 42

第三章　WSMC 的顶层设计 ………………………………… 48

　第一节　WSMC 基本概念 ………………………………… 49

　第二节　WSMC 基本内涵 ………………………………… 52

　第三节　WSMC 基本模式与适用范围 …………………… 53

　第四节　WSMC 模式扩展：合同水污染治理 ………… 58

　第五节　WSMC 实施主体 ………………………………… 61

第四章　WSMC 的实践探索 ………………………………… 65

　第一节　WSMC 试点探索的前期工作准备 …………… 65

　第二节　WSMC 实践探索——公共机构类 …………… 67

　第三节　WSMC 实践探索——高耗水行业节水改造试点 …… 72

　第四节　WSMC 实践探索——水环境治理试点 ……… 74

　第五节　WSMC 实践探索——水污染治理试点 ……… 77

第五章　WSMC 实践的启示与存在的问题 ·················· 81
　第一节　经验与启示 ·········· 81
　第二节　推行 WSMC 存在的问题 ·········· 87

第六章　需要着重解决的重大理论和实践问题 ·········· 91
　第一节　节水技术集成创新平台建设 ·········· 91
　第二节　创新增强 WSCO 融资能力 ·········· 103
　第三节　WSMC 与互联网供应链、产业链金融 ·········· 113

第七章　节水服务产业发展前景和政策环境建设 ·········· 125
　第一节　节水服务产业发展前景分析 ·········· 126
　第二节　发展节水服务产业的政策支持 ·········· 132
　第三节　节水服务市场培育 ·········· 144

第八章　公共机构 WSMC 操作流程 ·········· 147

第九章　水平衡测试与案例摘编 ·········· 171
　第一节　水平衡测试 ·········· 171
　第二节　公共机构水平衡测试案例（摘编） ·········· 177
　第三节　高等院校水平衡测试案例（摘编） ·········· 185
　第四节　火力发电厂水平衡测试案例（摘编） ·········· 207

附录　高校 WSMC 项目相关文书 ·········· 226
　附录一　高校 WSMC 项目尽职调查纲要 ·········· 226
　附录二　×××大学 WSMC 项目尽职调查报告框架 ·········· 239
　附录三　大学（含住宿中专）WSMC 项目协议 ·········· 242
　附录四　高校 WSMC 运营托管协议 ·········· 250

参考文献 ·········· 254

后记 ·········· 257

第一章 合同节水管理
产生的背景

水是生命之源、生产之要、生态之基。因为地球上有水，所以在浩瀚的宇宙当中，唯独地球上有人类。水是人类须臾不可缺少的生存发展条件，没有油可以找到替代资源，没有水生命就不可能存在。水是融入整个生产环节的基本要素，没有水就产不出粮食，就炼不出钢铁，就没有农业、工业和服务业。水是生态环境控制性要素，有水才有森林草原，才有湖泊湿地，才有生物多样性，无水就是荒漠。

水问题是全球面临的共同挑战。20世纪，由于约旦和以色列加大了从约旦河的汲水量，死海的水位下降了10m，昔日烟波浩渺的约旦河已然变成了一条排水沟。

在一度处于原始状态的世界上最深的淡水湖贝加尔湖，近年来湖水水位不断下降；与此同时，随着不加管理的工厂肆意将污水排放到湖里，遭到严峻挑战的不仅是贝加尔湖那深邃的湖蓝色，还有那日趋恶化的水质。

联合国的一份研究报告对全球发出了警告：缺水问题将严重制约21世纪的经济和社会发展，并可能导致国家间的冲突。水问题已成为国际社会关注和研究的热点。

根据联合国2013年公布的调查数据，全球约有4.6亿人生活在用水高度紧张的国家或地区，有1/4的人口面临严重用水紧张的局面，而世界人口却以每年1亿多的数量增长，预计到2025年，世界人口将增加到85亿，同时人类对淡水的需求量每年以6%的速度增加，人类对淡水资源的需求远远高于人口的增长额度，尤其在用水量大的城市这种矛盾更加突出。

据联合国环境规划署预测，水的问题将会同20世纪70年代的能源一样，成为本世纪世界大部分地区面临的最严峻的自然资源问题。

第一节 我国水资源、水环境主要问题

中华人民共和国成立以来，在党中央、国务院的领导下，举国上下在解决水问题上取得举世瞩目的成就。但人多水少、水资源时空分布不均、农业用水高峰期与主汛期严重不一致等国土气候自然条件和基本水情无法逆转。

多年来，由于过度关注经济增长，不合理开发利用水资源、不重视水污染治理、不重视水生态与水环境保护等诸多问题的长期积累，至今我国的部分地区仍然缺水，不少河湖生态蜕化，许多地方地下水严重超采，我国正面临着水资源短缺、水生态损伤、水污染严重等水问题的挑战。水资源短缺、水环境承载能力不足、水生态损伤已经成为全面建成小康社会的重要瓶颈。

一、我国水资源基本情况

我国是一个水资源短缺的国家。淡水资源总量为 28000 亿 m^3，居世界第六位。人均水资源只有 2300m^3。按人均水资源量评价，加拿大为中国的 48 倍、巴西为中国的 16 倍、印度尼西亚为中国的 9 倍、美国为中国的 5 倍，中国的人均水资源量也低于日本、墨西哥、法国、澳大利亚等国家，约为全球平均值的 1/4，居世界第 110 位，被联合国列为 13 个贫水国家之一。

若扣除难以利用的洪水径流和散布在偏远地区的地下水资源，全国实际可利用的水资源量约为 8000 亿～9500 亿 m^3，人均可利用水资源量约为 900m^3。据评价，有 16 个省（自治区、直辖市）人均水资源拥有量低于联合国确定的 1700m^3 用水紧张线，其中有 10 个省（自治区、直辖市）低于 500m^3 严重缺水线。

二、近年我国供用水基本情况

根据 1998—2013 年的水资源公报统计分析，15 年来，我国用水总量从 5435 亿 m^3 增加到 2013 年的 6183.4 亿 m^3，平均每年增加用水 49.89 亿 m^3。

2014 年全国总供水量 6095 亿 m³，占淡水资源总量的 21.68%。其中：地表水源供水量 4921 亿 m³，占总供水量的 80.8%；地下水源供水量 1117 亿 m³，占总供水量的 18.3%，在地下水源供水量中，浅层地下水占 85.8%，深层承压水占 13.9%。

2015 年全国总用水量 6180 亿 m³，占水资源总量的 21.83%。比 2014 年增长 1.4%。其中：生活用水 970.26 亿 m³，占总用水量的 15.7%，增长 3.1%；工业用水 1483 亿 m³，占总用水量的 24%，增长 1.8%；农业用水 3979 亿 m³，占总用水量的 64.4%，增长 0.9%。人均用水量 450m³，比 2014 年增长 0.9%。

如果与现实可利用的淡水资源量比较，2015 年全国总供水量约占现实可利用淡水资源总量的 55.5%。

三、水资源赋存与生产力布局不相匹配

我国处于季风气候带，汛期降雨量占全年的 70%～80%，南北东西降水差异也非常大，限于防洪压力和水资源调蓄能力，洪水作为水资源的主要部分难以充分利用，洪水期前后漫长的枯水期常常成为许多地区的干旱时期。

水资源的空间分布与生产力分布不相匹配。黄河、淮河、海河三个流域是我国水资源最紧缺的地区，土地面积占全国的 13.4%，耕地面积占全国的 39%，人口占全国的 35%，GDP 占全国的 32%，而水资源量仅占全国的 7.7%，人均约 500m³。

我国的北方地区国土面积、人口、耕地面积和 GDP 分别占全国的 64%、46%、60% 和 45%，但其水资源总量仅占全国的 19%，华北、西北地区缺水非常严重，其水资源开发利用率远远超过国际公认和合理开发的标准。

根据全国水资源综合规划成果，我国水资源开发利用程度在许多地区已经远远超过水资源承载能力。水资源在时间和空间上分布极不均匀，加剧了水资源短缺的形势。这是我国的基本水情，也是我国全面建成小康社会需要长期面对的基本国情。

四、农业干旱缺水与农业用水低效率并存

由于水资源时空分配不均，我国是世界上旱灾最频繁的国家之一。根据史书记载，从公元前 206 年到 1948 年的 2154 年间，全国发生较大的旱灾 1056 次。有数据表明，20 世纪 90 年代全国因旱灾共损失粮食产量约 2600 亿 kg，占同期粮食产量的比例为 5.43%。

进入 21 世纪，我国北方大部分地区连续 4 年干旱少雨，到了 2003 年 3 月下旬，全国农田受旱面积发展到 2.56 亿亩，一度有 1256 万农村人口、1038 万头大牲畜因旱发生临时饮水困难。东北地区发生了严重的春旱，全年农作物因旱受灾面积 3.73 亿亩，其中成灾 2.17 亿亩，绝收 4470 万亩，因旱损失粮食 3080 万 t，1384 万头大牲畜因旱发生饮水困难。

据有关部门统计，2000—2005 年，我国农业每年缺水都在 250 亿～300 亿 m^3，影响粮食产量大约在 250 亿～300 亿 kg，损失最大的年份是 2000 年，因旱灾减产粮食 599.6 亿 kg，占当年粮食产量的 13%。因旱灾粮食减产造成农业产值损失为 13873 亿元，占农业总产值的 10.2%。

2010 年，西南 8 省（自治区）大旱。2010—2011 年冬春，华北地区、黄河、淮河流域大面积干旱，干旱的时间之长、影响范围之广和造成的经济损失之大历史罕见。

2014 年，北方冬麦区及湖北、四川、云南等地发生冬春旱，东北、西北、华北、黄淮及长江中上游部分地区发生夏伏旱。据统计，2014 年干旱灾害共造成全国 23 省（自治区、直辖市）和新疆生产建设兵团 1 亿人次受灾，1473.1 万人次因旱需生活救助，1012.5 万人次因旱饮水困难需救助。农作物受灾面积 1227.17 万公顷，其中绝收 148.47 万公顷。初步估计，2014 年农业缺水 340 亿 m^3。❶

---

❶ 经笔者多方查询，确实找不到关于农业用水年缺水 300 亿 m^3 的具体出处和依据，此数据是笔者请教农业灌溉专家，按照以下思路测算的结果：[（农作物受灾－绝收面积）×耕地实际灌溉亩均用水量×14%＋绝收面积×耕地实际灌溉亩均用水量]／农田灌溉水有效利用系数。即 [（18407.55－2227）×402×14%＋2227×404]÷0.53 ＝340.72 亿 m^3。以上数据不一定准确，仅供参考。

与此同时，我国农业用水效率不高，大水漫灌的现象在许多地方普遍存在。统计数据表明，从1997—2013年共16年间，我国农业耕地实际灌溉亩均用水量由492m³下降至418m³，农田灌溉水有效利用系数仅提高0.021。农业用水效率总体上没有明显改善。

有关学者研究指出："从2000—2010年的11年间，我国农业用水效率没有出现明显的改善趋势。"这个研究结果与水资源公报的统计数据基本相同，证明了我国农业用水效率提高比较缓慢，见图1-1。

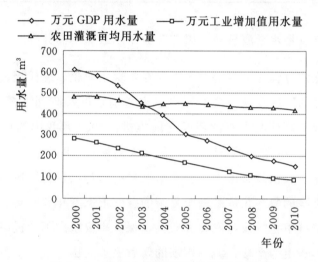

图1-1　我国水资源利用效率变化趋势

为横向对比农业用水效率，笔者利用《中国水资源公报》和世界银行公布的相关数据，选择农业用水占所在国用水总量比例相近的西班牙（63.5%）、澳大利亚（65.7%）、巴西（60%）与中国（63.5%）就万美元农业增加值用水量进行比较，我国2014年万美元农业增加值用水量比西班牙2010年用水量多15%、比澳大利亚2013年用水量多34.8%、比巴西2010年用水量多10.6%。从表面上看差距不大，但实际上，西班牙的人均水资源量比中国多14%，澳大利亚的人均水资源量是中国的10.16倍，巴西的人均水资源量是中国的13.5倍。换句话说，如果将各国的人均水资源量统一折算成中国的人均水资源量并做比较，则西班牙的万美元农业增加值用水量比中国低29%、澳大利亚约为中国的1/12、巴西约为中国的1/14。比较的结果表明，我国农业用水效率进一步提高的空间还比较大，❶ 见表1-1。

表1-1　　　　　　各国农业用水效率对比情况

国家	农业用水占比/%	万美元农业增加值用水量/m³	统计年份
中国	63.5	8081	2014
西班牙	63.5	6985	2010
澳大利亚	65.7	5992	2013
巴西	60	7307	2010

五、城乡用水矛盾日益突出与工业用水效率不高并存

城镇化的过程是世界上许多国家在实现工业化、现代化过程中所经历社会变迁的一种反映。改革开放以来特别是进入21世纪后，我国的城镇化步伐正以前所未有的速度向前推进。2000年我国的城镇化率为36.22%，2015年上升到56.1%，每年大约增长1%。

城镇化不仅仅是城市人口和城市数量的增加，也包括城市的进一步社会化和资源的集约化，是一个复杂的空间形态变化和社会、经济发展过程。随着城镇化的快速发展和对供水保证率要求的不断提高，城市供水面临的形势更为严峻，城乡用水的矛盾更加突出。

研究表明，我国的城镇化率水平每提高1%，工业用水比例相应提高约0.69%，生活用水比例相应提高约0.62%。农业用水比例相应降低约0.47%。研究者还根据全国总用水量和城镇化率之间存在的长期均衡关系指出，当城镇化率达到60%时，全国总用水量将达到6877亿m³。这将超过国务院提出的6700亿m³用水总量控制红线。如果研究的结论真实有效，农业用水比例不仅不能增加，还要减少2%左右，按照2015年农业用水总量测算，需要减少近80亿m³。原本农业干旱缺水的状况将更为严峻，城乡供水的矛盾将更为突出。

另一方面，我国工业用水效率还有待于提高。统计数据表明，经

---

❶　农业用水总量与每个国家地理、气候条件密切相关，这种比较方式不一定准确和科学，仅供参考。

过近十几年的努力，我国工业节水取得了显著成效。1997—2013 年，万元国内生产总值用水量由 1997 年的 705m³ 下降到 182m³，16 年间下降 74%。万元工业增加值用水量从 363m³ 下降到 94m³，16 年间下降 74%。另外，从图 1-1 我们可以看出，万元国内生产总值用水量下降主要是工业用水效率提高作出的贡献。应该说这是一个非常好的现象。

　　然而，尽管我国在推进工业节水上作出了巨大的努力，工业用水利用效率也有较大幅度提高，但是与世界上其他国家相比，我国工业用水效率总体还存在较大差距。我国万美元工业增加值用水量与人均水资源量相近的高收入国家如日本、西班牙、意大利、英国等相比，分别是日本的 6.46 倍、西班牙的 2.49 倍、意大利的 1.49 倍、英国的 6.39 倍。与同样是中高等收入的国家如墨西哥、泰国、南非、哥伦比亚、伊朗等相比，分别是墨西哥的 2.38 倍、泰国的 1.77 倍、南非的 4.12 倍、哥伦比亚的 3.9 倍、伊朗的 4.15 倍。

　　衡量一个国家工业用水效率的重要指标是工业用水重复利用率。国家统计局以 2005 年为基期，对我国循环经济发展状况进行了测算。根据 2015 年 3 月国家统计局发布的 2005—2013 年我国循环经济发展指数，"到 2013 年，我国循环经济发展指数达到 137.6，与 2005 年相比，平均每年提高 4 个点。""其中，废物回用进展较慢。""从各项指标来看，与 2005 年相比有升有降，其中：能源回收利用率提高 0.5 个百分点，工业用水重复利用率提高 4.4 个百分点"。笔者据此进行测算，认为直至 2013 年底，我国工业用水重复利用率应为 64.73% 左右，❶ 而早

---

　　❶　关于工业用水重复利用率有几个不同的说法：一是学者王建波（2010 年）认为：我国工业用水重复利用率在 50%～60%。二是《全国水资源综合规划》表述，2008 年我国工业用水重复利用率在 62% 左右。三是国家统计局 2015 年 3 月 19 日发布的《2013 年我国循环经济发展指数》指出，我国"2013 年的循环经济发展指数为 137；2005—2013 年循环经济发展指数年均增长 4 个百分点；与 2005 年相比，工业用水重复利用率提高 4.4 个百分点"。四是笔者将 2005 年我国工业用水重复利用率用 2008 年数据 62% 进行替代，按照国家统计局数据进行换算，则 2013 年我国工业用水重复利用率为 64.73%。

在 2005 年，发达国家工业用水重复利用率平均就已达 75％～85％。❶
这说明，我国 2013 年的工业用水效率还不如发达国家 2005 年的水平，
这中间的差距十分巨大。

六、城市缺水、地下水超采与城市生活用水浪费并存

2013 年出版的《城市管理蓝皮书》指出，全国 669 个城市中有 400
多个存在不同程度的缺水问题，其中有 136 个缺水情况严重。同时，有
50％的城市地下水遭到不同程度的污染，2.32 亿人年均用水量严重不
足，一些城市已经出现水资源危机。

地下水是水资源的重要组成部分。地下水具有分布广、水质好、不
易被污染、调蓄能力强、供水保证率高等特点。对于我国大多数城市和
地区，地下水作为极其重要的饮用水源维持着公民的生活。2014 年，
在全国总供水量中，地下水源供水量 1117 亿 m^3，占总供水量的
18.3％。在地下水供水量中，浅层地下水占 85.8％，深层承压水占
13.9％。其中，北方省份地下水供水量占有相当大的比例，河北、河
南、北京、山西和内蒙古 5 个省（自治区、直辖市）的地下水供水量约
占总供水量的一半以上。

随着经济社会快速发展，地下水超量开采与城市用水浪费已经成为
城市供水安全面临的重要挑战。2014 年，国家有关部门对北方 16 个省
级行政区的 73 万 km^2 平原地下水开采区进行统计分析，年末浅层地下
水储存量比年初减少 72.5 亿 m^3。其中河北、辽宁和山东分别减少 53.1
亿 m^3、16.6 亿 m^3 和 12.5 亿 m^3。

地下水超采还会引起生态损伤。在滨海平原，超采地下水会破坏地
下淡水与海水的压力平衡，使海水内侵，造成机井报废、人畜饮水困
难、土壤盐碱化、地下水质恶化。大量的研究证明，华北最大的湿地白
洋淀近年的干淀危机在一定程度上与地下水超采导致地下水位快速下降

---

❶ 世界银行《解决中国水稀缺：关于水资源管理若干问题的建议》指出，2005
年，中国工业的循环用水比率平均为 40％，而发达国家为 75％～85％。

有关。

在地下水超量开采的同时，我国城市用水浪费现象仍然十分普遍。最典型的例子就是我国许多城市的管网漏损率很高。早在 20 世纪 80 年代，随着中国第一波次的城镇化，城镇供水建设出现了一次高潮。但囿于当时经济技术条件的限制，城镇供水设施大多采用陶管、石棉水泥管和灰口铸铁等管材。由于老旧管网更新替换困难，这些管材中相当一部分仍然沿用至今。据有关部门统计，目前，我国供水管网中不符合国家标准的灰口铸铁管的比例仍然超过 50%，其中使用年限达到 50 年以上的老旧管道占比达到 6%。这是造成城镇供水管网漏损率居高不下，城乡供水存在严重浪费、效益低下的主要原因。有关数据显示，2013 年我国城镇公共供水管网漏损率为 15.2%，其中辽宁、吉林、黑龙江等省级行政区供水管网漏损率较高，超过 20%。据 2014 年有关数据统计，我国国内 600 多个大中城市供水管网的平均漏损率仍然超过 15%，最高达 35% 以上。

另一项针对我国 408 个城市的统计表明，管网漏损率平均 21.5%，相对于日本供水管网的大约 9.2%、美国 8% 以下、德国 6% 以下的漏损率都高出了很多。另外，由于计量的失真和统计口径的严重不统一，在实际供水过程中，很多城市的管网漏损率甚至会超过 30% 或者更高。

城镇供水设施落后导致的城市供用水浪费是当前我国城镇用水存在的最大问题。据《2014 年中国水资源公报》对世界上 60 个国家的水资源利用效率进行比较的数据分析，我国用水效率与发达国家和世界先进水平相比还有较大差距。2014 年，我国人均水资源量 2093m³，人均用水量 447m³。在进行比较的 60 个国家（含中国）中，人均水资源量超过中国的有 40 个国家，有 14 个国家的人均用水量小于中国。见表 1-2。

表 1-2 人均水资源量与人均用水量国际比较

国家	人均水资源量/m³	人均用水量/m³	统计数据对应年份
斯洛伐克	2327	128	2007

续表

国家	人均水资源量/m³	人均用水量/m³	统计数据对应年份
赞比亚	5516	148	2002
英国	2262	171	2011
蒙古	12258	206	2009
爱尔兰	10663	212	2007
瑞士	4999	248	2012
哥伦比亚	47589	261	2008
瑞典	17812	287	2010
芬兰	19671	297	2005
罗马尼亚	2107	338	2009
巴西	28254	383	2010
马来西亚	19517	433	2005
法国	3029	436	2010
奥地利	17812	439	2008
中国	2093	447	2014

注 按人均用水量由小到大排列。

由表 1-2 中数据比较可知，人均用水量最小的为斯洛伐克，人均水资源量比中国多 11%，而 2007 年的人均用水量只有中国的 28.6%。统计数据年份最接近的瑞士，人均水资源量是中国的 2.38 倍，而 2012 年的人均用水量只有中国的 55.5%。可见我国水资源利用效率与世界先进水平相比还存在较大差距。

以北京为例，北京是严重缺水的城市，人均水资源不足 200m³，2014 年全国城镇人均生活用水量 213L/d，而北京城镇人均生活用水量 233L/d。有数据显示，仅北京洗浴中心洗澡一项每年消耗水资源就高达 8160 万 m³，相当于 41 个昆明湖。用水浪费进一步加剧了城市水资源紧缺的局面。

七、水环境承载能力严重超负荷

水是生态环境的控制性要素，目前我国水环境最突出的问题是污水排放量大，污染物排放总量明显超过水环境的承载力，水环境污染严重且呈现出流域性、结构性、复合性、长期性的特点。我国是世界上水生态严重退化的区域，我们的 COD、氨氮等排放都是全球第一，目前又检测出多种新型污染物。

2004 年，国家有关部门的研究单位对我国的水环境承载能力进行研究测算，考虑中国的水资源、水环境的质量要求，按照质量标准衡量，我国水环境的大致承载能力是 COD740 万 t，氨氮不到 30 万 t。而统计数据表明，2014 年我国废水排放总量 716.17 亿 t，比 2010 年的 617.2 亿 t 增加 98 万 t，增长 16％。COD 排放量 2294.59 万 t，比 2010 年的 1238.10 万 t 增加了 1056 万 t，增长 85.29％。氨氮排放量 238 万 t，比 2010 年 120 万 t 增加 98％。

按照水环境承载能力测算，2014 年我国的 COD 排放量是 2294 万 t，是 740 万 t 承载能力的 3.1 倍。氨氮排放量 238 万 t，是 30 万 t 承载能力的 8 倍。

水污染负荷居高不下，排放的污染物过多，排放量和承载能力之间存在较大差距，水环境问题成为经济社会发展的瓶颈。

八、江河湖泊水污染严重

所谓的水污染是指水体因某种物质的介入，而导致其化学、物理、生物或者放射性等方面特征的改变，从而影响水的有效利用，危害人体健康或者破坏生态环境，造成水质恶化的现象。水体遭到污染后，主要表现为水体发黑发臭，水体富营养化（水体呈现为蓝色、绿色，甚至红色），水生生物大量死亡，水体生态平衡遭到破坏等。水污染分为自然污染及人为污染。自然污染是指由于自然环境中的非人为因素而导致的水体污染，如"水葫芦"污染等。人为污染主要来源于工业废水、生活污水、农业废水等，人为污染对水体破坏性较大。

我国地表水水体污染的趋势至今仍在蔓延，点源污染不断增加，非点源污染日渐突出，每年有约 250 亿 m³ 的水因受污染而不能使用，有 470 亿 m³ 未达到质量标准的水被供给居民家庭、工业和农业使用，导致相应的损害成本上升。

2014 年 3 月 14 日，环境保护部发布的首个全国性研究结果显示，中国有 2.5 亿居民的住宅区靠近重点排污企业和交通干道，有 2.8 亿居民使用不安全饮用水。

据《2014 年中国水资源公报》数据，2014 年，对全国 21.6 万 km 的河流水质状况进行评价，劣于Ⅳ类水质的河长共有 5.87 万 km。对全国开发利用程度较高和面积较大的 121 个主要湖泊共 2.9 万 km² 水面进行水质评价，劣于Ⅳ类以上的湖泊 83 个，占 67.76%。对上述湖泊进行营养状态评价，处于富营养状态的湖泊有 93 个，占评价湖泊总数的 76.9%。与 2013 年相比，富营养状态湖泊比例上升 6.7%。国家重点治理的太湖全湖总体水质为Ⅴ类（总氮参评）。滇池耗氧有机物及总磷、总氮污染仍然十分严重，无论总氮是否参加评价，水质均为Ⅴ类。巢湖无论总氮是否参加评价，总体水质均为Ⅴ类。

2014 年全国评价水功能区 5551 个，水质不达标的水功能区 2678 个，占评价水功能区总数的 48.2%；对 635 座水库的营养状态进行评价，处于中营养状态的水库有 398 座，占评价水库总数的 62.7%，处于富营养状态的水库 237 座，占评价水库总数的 37.3%。水污染加剧的态势尚未得到有效遏制，已经成为最严重和最突出的水环境问题。

九、地下水污染日趋严重

在地下水超采的同时，地下水污染日趋严重，加剧了城市供水不足的矛盾。随着经济社会的发展，农药、化肥、生活污水及工业"三废"的排放量日益增大，而这些污水大部分未经处理直接排放，构成了地下水的主要污染源。而过量开采造成地下水位的不断下降，客观上为废污水的加速入渗创造了有利条件。据不完全统计，目前我国发现地下水水质污染的地区及城市已有 136 个，其中污染较为严重的有包头、沈阳、兰州、西安等城市。

2014 年，有关部门对主要分布在北方 17 省（自治区、直辖市）平原区的 2071 眼水质监测井进行了监测评价，地下水水质总体较差。其中，水质优良的测井占评价监测井总数的 0.5％，水质良好的占 14.7％，水质较差的占 48.9％，水质极差的占 35.9％。

2015 年，有关部门依据《地下水质量标准》（GB/T 14848—93）对全国 202 个地级市开展了地下水水质监测工作，监测点总数为 4896 个（其中国家级监测点 1000 个）。监测结果表明：水质呈优良、良好、较好级的监测点 1885 个，占监测点总数的 38.5％；水质呈较差、极差级的监测点 3011 个，占 61.5％。

十、水生态伤害不断显现

水生态系统是指水生物群落与其所在环境相互作用的自然系统。一般由无机环境、生物的生产者（如藻类、水草、岸坡植物）、消费者（草食动物和肉食动物）以及还原者（腐生微生物）四部分组成，包括河流、湖泊、水库、湿地等。在自然水生态系统中，动植物作为水生态系统的基本主体，其活动受水制约，同时也影响水的存在状态以及水循环过程，两者的相互作用共同影响着自然水生态系统的形成与变化。人类活动如取水—输水—用水—排水—回归等过程在很大程度上作用并影响着水生态系统，河湖萎缩、湿地退化、生物多样性下降等很大程度上是人类活动的结果。

水生态伤害的问题可分为两类：一是水质恶化或河湖生态流量不足伤害到水生态系统中的无机环境，破坏了自然水文过程、水域形态、地貌特征和水生物群落的生存繁殖；二是过量开发利用水资源带来的生态灾害，如地面沉降、湿地干润、河湖蓝藻、海水入侵等。

当前，我国的水生态伤害不断出现，已经演变为严重的环境问题。主要体现在以下五个方面：地下水漏斗、地面沉降、海水入侵、河湖萎缩、湿地干枯等。

（1）地下水漏斗。地下水漏斗是过量超采地下水导致采补失衡的生态伤害。黄淮海平原是中国最重要的粮食主产区，由于该地区地下水超采严重，水资源濒临枯竭，地下水位正在以惊人的速度下降，成为世界上最大的漏斗区（漏斗区面积 73288km²，占总面积的 52.6％）。根据

266 个样本点的多数据源融合空间插值测算，黄淮海平原浅层地下水位以 0.46±0.37m/a、深层地下水以 1.14±0.58m/a 的速度下降，与世界上另外两大地下水漏斗区域相比（北美平原水位下降约 0.3m/a，印度西北平原水位下降 0.8m/a），是世界上面积最大、下降速度最快的地下水漏斗。其中山东德州深层地下水位由 1965 年的 2m 降到 2008 年的 137.5m，石家庄浅层地下水位由 1980 年的 10m 降到 2007 年的 32m。

（2）地面沉降。地面沉降是地下水漏斗带来的一种生态损伤，也是当前我国水生态存在的主要问题。由于地下水过度超采，造成弱透水层和含水层孔隙水位压力降低，黏性土层孔隙水被挤出，使黏性土产生压密变形，出现地面沉降。地面沉降是缓变过程，一般不容易被发现，但是一旦出现就难以修复，后果极其严重。如在平原地区，地面沉降会影响河道输水、导致地面裂缝频发、危及城乡建筑安全。

据 2010 年国家有关部门的调查数据，全国地面沉降面积已达到 6.4 万 km^2，50 多个城市地面沉降严重。仅长江三角洲以南地区因地面沉降造成的直接经济损失就超过 200 亿元，间接损失近 3500 亿元。比较严重的有天津、沧州、西安、太原、上海、阜阳以及苏锡常地区，其中上海市是我国最早发现地面沉降的城市。河北平原地面沉降大于 500mm 的面积达到 $6430km^2$，大于 1000mm 的面积达到 $755km^2$，沉降量大于 2000mm 的范围已经覆盖了整个沧州市区。

（3）海水入侵。海水入侵是指由于陆地淡水水位下降，而引起的海水直接侵染淡水层系统（或滨海地带的沉积地层中）。海水入侵主要发生在我国沿海城市地区，问题比较严重的地区主要有辽宁的大连市、河北的秦皇岛市、山东的青岛市。20 世纪末，有关部门对辽宁、河北、山东三省进行调研发现，三省的地下水水位低于海水水位的地区已超过 $2000km^2$。在过去的 30 年里，海水入侵严重的地区已超过 500 多 km^2。其中大连及烟台尤为严重。海水向大连内陆入侵了 3300m，最大入侵面积 $130km^2$。海水入侵区达 $433km^2$，海水入侵沿海地区的深度平均达 5～8km，最深达 11km。地下水中氯化物浓度达到 500～2000mg/L。

（4）河湖萎缩。有关数据表明，从 20 世纪 50 年代到 2010 年，全

14

国范围面积大于 10km² 的湖泊有 230 个发生萎缩。在长江中下游地区的湖北省，湖泊数量从 1309 个下降到 771 个，减少 41.1%；湖泊面积从 8503.7km² 缩小到 3318km²，减少 60.9%。

（5）湿地干枯。所谓的湿地就是处于陆地生态系统（如森林和草地等）与水生态系统（如海洋等）之间的过渡带。是水体系统与陆地系统相互作用过程中形成的具有多种功能的生态系统。湿地是地球表层最独特、最复杂、对环境变化反映最敏感的生态系统，是地球表层系统最重要的"物种基因库"，是人类重要的经济、文化、科学和生活资源库。世界自然保护大纲将湿地与森林、海洋一起并列为全球三大生态系统。

据统计，湿地仅占地球表面积的 6%，却为地球上 20% 的生物提供了生存环境。湿地还是世界上生产力最高的生态系统之一，据科学家研究估计，每公顷湿地生态系统每年创造的价值达 4000 美元，分别是热带雨林和农田生态系统的 2～7 倍和 45～160 倍。

据史书记载，明清时期银川平原 1/4 以上面积为湿地，这些湿地形成了独特的生物种群，生存着许多濒危的兽类、鸟类和植物，其中有国家一级保护动物 5 种、二级保护动物 15 种，有水鸟 10 目 19 科 102 种。北部川区的湿地还是西北候鸟迁徙的重要栖息地和繁殖地。大面积的湿地生态系统，对于地处西北内陆、干旱半干旱地区、三面都是沙漠、土地沙漠化极为严重的宁夏来说非常珍贵。它既是防止土地荒漠化的重要屏障，还对保护黄河、调蓄洪水、调节气候具有重要作用。

中国现有湿地面积 6594 万 hm²（不包括江河、池塘等），占世界湿地的 10%，居亚洲第一位，世界第四位。其中：天然湿地约为 2594 万 hm²，包括沼泽约 1197 万 hm²，天然湖泊约 910 万 hm²，潮间带滩涂约 217 万 hm²，浅海水域 270 万 hm²；人工湿地约为 4000 万 hm²，包括水库水面约 200 万 hm²、稻田约 3800 万 hm²。

近几十年来，由于长期的干旱缺水和人类对湿地的过度开发破坏，我国的湿地资源数量和质量急剧下降，短时间内退化十分严重。许多湿地持续干枯。据科学考察发现，占我国自然湿地面积 8% 的东北三江平原湿地有 80% 已经退化。

在黄河上游的首曲若尔盖湿地，每年枯水期对黄河干流的补给量达到45％以上。近20年来，气候变化、人为排水、过度放牧，使得首曲若尔盖湿地面积急剧退缩，导致大面积土地沙化，成为黄河中下游流域来水减少的重要因素。

湿地生态系统消亡严重威胁生物多样性。由于湿地大面积减少，造成动物栖息地减少、觅食范围缩小，生物多样性锐减。据调查，近年来，许多湿地无论是生物种类还是种群数量都在减少，如果现存的湿地得不到有效保护，湿地独特的生物种群将可能消失。如果湿地继续退化，后果不堪设想。

第二节　我国节水事业发展简要回顾

节水是应对挑战、解决水问题的革命性措施，节水是解决我国水资源、水环境、水生态问题的根本出路。解决中国水资源、水环境问题关键在节水。

首先，与通过开源和调水来解决缺水问题相比较，在大部分情况下，节水在经济性、技术性、生态影响等方面具有明显优势；其次，开源与跨区域（流域）调水容易引发新的生态问题，而节水不会产生类似问题；第三，节水可以增加全社会福利，由于用水量和污水产生量的降低，在取水和污水处理环节所产生的各项费用也会随之降低，间接提高了社会总福利；第四，如用水管理不当，开源和调水还可能形成大调水、大浪费的局面；第五，节水可以有效减少污水排放量，改善水质，减少地下水开采量，控制地面下沉、海水入侵，减少对生态水的挤占挪用，保护生态环境；第六，节水是低碳生活方式在水资源领域的延伸，节水就是节能，通过节水可降低水资源的利用量，进而降低在取、供、用、排等环节的能源消耗。

所以，解决中国水问题，必须大力发展节水事业。因为节水可以从源头上减少用水量，减少污水排放，遏制水环境、水生态持续蜕化，缓解水资源供需矛盾。

一、我国节水工作的发展与演变

新中国成立以后，我国开始进行大规模经济建设，随着城市建设、工业发展和社会进步，许多城市出现用水紧张的情况，国家开始重视并积极开展节约用水工作。

我国最早从国家层面部署节约用水工作是在 20 世纪 50 年代末、60 年代初。

1959 年，国家建筑工程部召开了全国城市供水会议，提出了提倡节约、反对浪费、开展节约用水的要求。

1973 年，原国家建委发布了《关于加强城市节约用水的通知》，首次提出了"实行计划用水，提倡节约用水""实行用水计量，按量收费"等我国城市节约用水的方针。

1980 年，国务院发出了《关于节约用水的通知》，召开了京津用水紧急会议和 25 个城市用水会议。这是有记载以来首次以国务院名义部署节水工作。

1984 年，根据全国第一次城市节约用水会议精神，国务院颁发了《关于大力开展城市节约用水的通知》。全国城市节约用水工作也随即展开。

1985 年，中共中央在《关于制定国民经济第七个五年计划的建议》中明确提出：要把十分注意有效地保护和节约使用水资源作为长期坚持的基本国策。

1986 年，建设部、国家计委、财政部颁布了《城市节约用水奖励暂行办法》，明确了节约用水奖励的原则和办法。这是国家首次出台节水奖励政策。

1988 年，《中华人民共和国水法》明确规定"国家实行计划用水，厉行节约用水，各级人民政府应当加强对节约用水的管理，各单位应当采用节约用水的先进技术，降低水的消耗量，提高水的重复率。"至此，节约用水以法律形式得到固化。

1990 年全国第二次城市节约用水会议提出创建"节水型城市"的

要求。

1997 年，国务院审议通过《水利产业政策》，规定各行业、各地区应大力普及节水技术，全面节约各类用水。

2000 年，在国家"十五"计划中首次以中央文件的形式提出"建立节水型社会"的要求。

2002 年 8 月修订的《中华人民共和国水法》规定，要发展节水型工业、农业和服务业，建立节水型社会。至此，节水型社会建设正式以法律的形式被加以固化。

2003 年 3 月，在中央人口资源环境工作座谈会上，胡锦涛总书记指出：把节水作为一项必须长期坚持的战略方针，把节水工作贯穿于国民经济发展和群众生产生活的全过程。这是党和国家最高领导人首次谈节水工作。

2014 年 3 月，习近平总书记提出"节水优先、空间均衡、系统治理、两手发力"的新时期水利工作方针，把节水摆在水利工作首要地位，从此我国节水事业发展开始了新征程。

节水的工作重点从最早提出节约用水发展到节水型社会建设，从最早的城市节水到各行各业乃至于全社会节水，从最早的技术节水到最后技术、工艺、制度、观念节水等的演化，这既是基于我国基本水情国情的考量和经济社会发展实践的需求，也是对近 20 年节水工作的认识、总结、提炼和升华。

二、我国节水型社会建设

党中央国务院高度重视节水型社会建设。早在 2000 年 10 月，《中共中央关于制定国民经济和社会发展第十个五年计划的建议》就提出要建设节水型社会。

2002 年，经过修订的《中华人民共和国水法》要求建立节水型社会。此后，中央在研究提出国民经济和社会发展第十一个、第十二个五年计划建议时都要求建设节水型社会。

从 2002 年开始，全国节水型社会建设试点逐步展开。经过 10 年实践，先后在 2 个省（自治区、直辖市）、6 个副省级城市、76 个地级城市和 16 个县级城市完成了 100 个节水型社会建设试点。据统计，在节水型社会试点建设过程中，中央财政通过财政专项先后投入近 3 亿元用于补助试点城市编制规划、制度建设、载体建设、责任考核、宣传教育等工作。同时，中央和地方各级财政也集中资金，围绕灌区骨干工程续建配套和节水改造，积极推进农业节水工作。全国节水灌溉面积从 2002 年的 2.79 亿亩发展到 2011 年的 4.68 亿亩，10 年增长了 67.7%。在中央的高度重视下，我国节水工作取得了重要进展。2002—2011 年，全国万元 GDP 用水量从 562m³ 下降到 192m³，下降了 65%；万元工业增加值用水量从 291m³ 降低到 105m³，下降了 64%；农田实灌亩均用水量从 479m³ 下降到 367m³，下降了 23.4%；农田灌溉水有效利用系数从 0.43 提高到 0.5。

三、我国节水事业发展中的问题和主要原因

如上所述，我国的节水工作从 20 世纪 50 年代开始至今已有 60 多年的历史，客观地说，与 60 多年前相比，我们取得的成绩是巨大的。但与世界上经济发达国家相比，和我国经济社会发展对水资源、水生态、水环境要求相比，差距还是比较明显的。为了更好更快地推动我国节水事业发展，有必要对我国最重要的节水工作——节水型社会建设试点的主要做法进行总结和分析。

2014 年，有关单位对我国 100 个节水型社会建设试点进行较了为全面的回顾和总结，笔者对该工作总结进行分析后认为，当前我国节水工作存在的主要问题是节水工作主要靠政府，节水的市场原动力没有很好启动激发出来。

以节水型社会建设试点为例，来说明当前我国节水工作中存在的主要问题。❶ 笔者对 100 个节水型社会建设试点工作总结进行梳理分析，

---

❶　当然，单纯以节水型社会建设的工作总结来分析和推断我国节水工作存在的问题可能不是特别全面，这是我国节水事业发展中的一种现象。

在 100 个试点的工作总结中共有节水型社会建设原始经验 535 条，归纳为节水制度建设与体制机制改革、强化政府责任与考核、节水工程与技术改造、载体建设、强化水资源管理、宣传教育六个方面。其中，加强节水制度建设类经验 161 条、强化政府责任与考核类（政府主导、部门协调、领导重视、节水投入、调整经济结构、产业布局、节水考核）118 条、节水工程技术与建设类（含节水科技创新推广）79 条、节水示范（载体）建设类 39 条、加强水资源管理与水环境保护类 64 条、加强节水宣传教育类（提高节水意识、形成节水文化等）74 条。进一步归纳，上述经验描述的几乎都是政府如何主导、加强和推动节水工作的做法，与市场有关的如水价水权类的经验只有几条，而如何运用市场机制推动节水型社会建设的经验为零。这说明，当前我国节水型社会建设绝大部分工作都是由政府推动。

笔者认为，产生这个问题宏观上的原因至少有以下三个方面：

第一，以政府为主导的节水型社会建设指导思想忽视了社会资本和市场机制的作用，导致在推动节水工作时"看得见的手"太强，"看不见的手"太弱。比如，上面总结中归纳出来的节水制度建设与体制机制改革、强化政府责任与考核、节水工程与技术改造、载体建设、强化水资源管理、宣传教育等任务基本上都由各级政府亲力亲为，从安排资金、组织实施、竣工验收、宣传教育等政府几乎无所不包。这说明，一方面，我国运用政府这只"看得见的手"主导推动节水事业发展已经充分"发力"，做得非常好了；而另一方面，恰恰说明了我国过度依赖政府发展节水，忽视了市场的作用，忽视了社会资本对节水事业发展的根本性影响。所以，至今有利于节水事业发展的市场环境尚未完全形成，导致市场机制这只"看不见的手"并没有发挥好或几乎没有发挥作用。纵观国内外推动节约用水的历史和我国抓节能减排的实践可以发现，节水和节能一样，其动力在市场，市场机制对促进节水具有先天的优势，没有市场这只"看不见的手"出力"发力"，完全由政府主导、政府投入来推动节水，必然抑制了市场原动力，最终导致节水事业发展缓慢。

第二，有利于节水产业发展的市场环境尚未完全形成。节水产业是我国水利事业的重要组成部分，是实现水资源可持续利用的重要基础，是解决中国水问题的重要载体。节水服务业是节水产业的重要组成部分，节水服务业技术含量高、集成创新性强，发展潜力大，辐射带动作用突出。加快发展节水服务产业对于节水减污、改善水生态、扩大内需、吸纳就业、培育壮大新兴产业、促进我国节水事业发展具有重要意义。由于节水服务产业具有明显的正外部性，其发育和发展需要政府通过强有力的政策手段加以支持，以实现节水外部效益内在化。由于我国节水产业尚处于发展初期，国家支持节水服务产业发展的政策体系不完善，现有的水资源管理政策和节水倒逼机制还没有落实到位，一方面导致支持节水产业发展的节水技术创新能力不足、节水服务品牌匮乏、高端复合型人才短缺等问题突出，严重制约了节水服务产业的发展；另一方面不能形成有利于节水服务产业发展的市场环境。举个简单的例子说明，由于节水具有明显的外部正效益，在国家的激励政策如税收、水价、补贴、贷款支持、对浪费水资源的惩罚约束等不能有效保证这些正效应内部化之前，社会资本就不会大规模进入节水领域。而缺乏上述税收、水价、补贴和贷款等支持政策，节水服务产业发展的市场环境就不完善。

第三，缺少符合中国国情水情和市场环境的节水市场机制或商业模式。激发市场活力，引导社会资本进入节水领域，最重要的前提是投入节水的资本必须获得不低于社会平均利润率的回报，否则，社会资本是不会进入的。这是资本本质属性所决定，是不会以政府的意志为转移的。而满足社会资本这条底线的核心就是必须要有适合我国国情水情和市场环境的商业模式或赢利模式。但到目前为止，节水市场特别是节水服务市场并没有较为成熟的商业模式，这是社会资本对节水行业总体呈现出不关心、不支持、不进入、袖手旁观的经济学原因。当然，我们在各种相关报表中也许可以检索到每年利用多少社会资本用于节水改造项目等相关信息，但进一步查询可以得知，利用社会资本的主体还是各级政府或各级政府背书的相关投资公司。实际上还是政府在亲自操作和主导。

第三节　我国节水市场的现状与问题

2014 年 3 月 14 日，习近平总书记基于中国国情、水情和资源环境生态现状，高瞻远瞩提出了"节水优先、空间均衡、系统治理、两手发力"新时期水利工作方针，为解决中国水问题，保障国家水安全，实现经济社会可持续发展指明了方向。为了贯彻落实总书记讲话精神，笔者带队就利用市场机制落实节水优先为主题进行专题调研。先后到澳大利亚、深圳、广州、厦门、天津、四川、河北、北京等地进行实地考察，对澳大利亚维多利亚州合同能源管理框架下州政府所属机构节水改造项目，澳大利亚墨尔本皇家理工大学合同能源管理机制的节水改造项目，深圳大能公司浙江长兴县华盛中学节水改造项目、新天科技股份公司广州大学城广中医、中山大学、广州大学、华南理工大学等 10 所高校的节水改造项目，科斯特（厦门）节水设备有限公司洗车场节水改造项目等进行了调研、考察和分析，并分别召开全国节水龙头企业座谈会，与民生银行总行关于金融支持节水市场发展座谈会等，通过调研考察，收集了大量的第一手资料，并结合我国实施合同能源管理的历程、经验和存在的问题进行了研究，基本结论如下：

一、我国节水市场刚刚起步，主要存在于节水产品、设备、技术等生产和销售领域，节水服务市场尚未发育

单纯从技术角度分析，节水既是一个更换先进实用节水产品、采用先进节水工艺和技术的技术改造过程，更是一个提供节水系统性服务的过程。某种程度上讲，提供系统性节水服务更为重要。它不仅提供节水产品，还根据用水系统存在的浪费用水情况有针对性地集成创新节水技术，采取工程措施对用水系统进行全面节水技术改造，并提供节水改造后整个节水系统的长期运行和维护管理。但从目前掌握的数据看，我国活跃在节水领域中的企业绝大多数都是以生产销售单一系列节水产品为主营业务的生产性企业。据不完全统计，目前我国生产农业节水产品、设备的企业约 2000 家，生产城市生活节水技术或产品的企业约 3000 家，污水处理行业规模以上企业数量为 281 家。经过典型分析，这数千家企业基本上都是以生产单一系列产品为主的节水产品生产型企业，而以提供系统节水服务的节水服务企业凤毛麟角。

二、我国拥有大量先进实用的节水产品、设备、技术，但推广应用难

节水技术产品的推广应用是科技转化为现实节水效果的重要环节，对于提高用水效率、促进节约用水具有十分重要的现实意义。但是，与国家对节水工作的高度重视相比，现实中先进节水技术、产品的推广并不受重视。首先，政府对节水技术推广重视不够、投入不够。对于政府主导的节水工作模式来讲，财政资金更多的是安排节水工程建设，用于水利科技推广的很少，用于先进实用的节水产品、技术的推广应用更少。其次，节水产品、技术推广应用的模式、渠道、手段单一。即使国家安排部分财政资金来推广水利科技成果，比如国家农业科技成果转化项目、水利科技推广计划、各级地方政府安排实施的地方科技推广计划等，基本上都是通过召开先进技术推介会、产品展览会、技术交流会、核发推广证书、发布《水利先进实用技术重点推广指导目录》、水利科技服务网、建设水利科技推广示范基地等方式来推广使用节水技术和产品，虽然也取得了一些效果，但总体上看，所推荐的节水先进技术成果缺乏系统性，基本上属于就事论事、单一品种、单项技术的推广，与节水市场对节水技术的系统性要求还存在较大差距。最后，节水技术规程及标准体系不健全，推广缺乏政策支持。先进实用的节水产品、技术没有相应的规范、规程，设计、施工单位对节水新产品、技术的应用还存在种种顾虑，更愿意选择传统的工艺和技术，直接影响了节水产品、技术的转化与推广。

三、节水科研与节水市场应用脱节，"重研究、轻应用"的现象仍然存在

科研机构、用水单位、节水服务企业之间尚未构建信息共享平台。

一是节水技术供需双方掌握的信息不对称，科研单位对市场有关节水产品、节水技术和节水服务的需求信息了解有限，导致开发的节水技术成果难以满足节水的实际需求；二是缺乏重大节水技术联合攻关研发机制，节水技术涵盖工业、农业和生活服务业多个领域，但涉及多个行业部门管理，跨部门、跨学科联合攻关及研发机制尚未建立，资源配置"碎片化"，顶层设计、统筹协调不够；三是节水科研项目以公益性科研单位申报为主，作为节水技术研发主体的节水企业不能得到有力支持和鼓励，导致有限的节水研发资金未能聚焦国家战略目标需求、市场需求和用水单位及生产企业的需求。

四、缺少鼓励节水服务产业发展的产业政策

如前所述，由于节水服务产业具有较强的正外部性，产业的发展需要政府出台相关政策加以支持，但目前支持节水服务产业发展的政策环境不容乐观。笔者曾经带领一个小组根据"北大法宝"数据库检索的数据，对 2000 年以来中央和地方政府出台的涉及节水的政策进行分析，结果如下：

2000 年以来，标题中带有"节水"关键词、直接针对节水问题的中央级法律法规有 135 项，其中包括 3 项行政法规、129 项部门规章和 3 项行业规定。这些法律法规中，国务院办公厅发布 2 项，各部委发布 99 项，其他中央机构发布 34 项。各部委发布的法规中又以水利部最多，为 55 项，其他中央机构中以国家发展改革委最多，为 17 项。标题中带有"节水"关键词的地方法规有 693 项，所涉范围遍布全国各省（自治区、直辖市），现行有效 679 项，失效 14 项。

不直接针对节水问题，但是内容中有所涉及的中央法律法规数量则更为庞大，为 2450 项。其中法律 56 项、行政法规 308 项、司法解释 1 项、部门规章 1955 项、团体规定 94 项、行业规定 32 项、军事法规规章 4 项。涉及节水的中央法律法规中，现行有效 2325 项，失效 125 项。内容中涉及"节水"的地方法规为 19719 项，其中现行有效 18837 项，失效 882 项。

进一步分析可知，在数量庞大的涉及节水问题的政策法规中，扶持节水产业发展的政策措施只占一小部分，主要包括两大类：

（一）财政政策

总体上看，我国财政政策对节水产业发展的扶持范围较窄，具有实际操作性的政策规定和政策手段较少且主要集中在农业节水方面，而城镇生活节水和工业节水的支持政策基本没有。财政政策中用于支持节水产业发展的主要工具是财政专项资金补贴和奖励。包括中央和地方各级政府的财政预算安排和项目安排优先支持节水技术推广、减免有关事业性收费、节水技术研发的科研经费支持、政策性贷款、贷款贴息、留存相关财政收入进行专项支持、直接拨付专项资金对节水对象进行补贴等。补贴和奖励作为财政扶持政策体系的主要手段，在中央层面主要被应用于农业节水领域，重点用于节水项目建设和节水技术推广。在地方层面的政策中，主要用于配套中央政策对农业节水领域的扶持和对城镇居民节水器具与企业节水技改项目的扶持。对节水器具的补贴主要面对用水户，一般一次性给予更换节水器具的补贴。对企业节水技改项目的补贴面对用水企业，主要补贴方式是企业完成技术改造后向所在地政府申请节水补贴。由于节水服务公司在全国普遍处于初创阶段，因此各地主要通过一事一议的减免税收手段进行补贴，至今还没有出台相关的财政扶持政策。

（二）税收政策

我国对产业发展的税收支持通常采用减免企业所得税、营业税和增值税的手段进行，随着"营改增"改革全面完成，享受企业所得税和增值税等税收优惠政策成为支持产业发展的主要手段。数据分析表明，我国节水产业所能享受到的税收扶持力度很小，只有很少的企业能够享受到企业所得税"三免三减半"和节水设备投资额的税额抵免这两项政策。从中观层面分析，专门鼓励支持节水服务产业发展的税收政策基本没有。大量的节水技术、节水产品甚至被排除在多数环境保护和资源节约综合利用产业所普遍适用的优惠政策范围之外，许多面向环保节能节水行业的优惠政策并未将节水项目纳入其适用范围内。比如《财政部、国家税务总局关于公共基础设施项目和环境保护、节能节水项目企业所得税优惠政策问题的通知》（财税〔2012〕10号）中所限定的节水项目仅包括城镇污水处理和工业废水处理，而合同节水管理项目所对应的生活、农业、水环境水生态治理修复的节水技术改造项目并不在这一政策支持范围中。

第二章 合同节水管理（WSMC）的理论基础

合同节水管理（Water Saving Management Contract，以下简称WSMC）是指节水服务企业（Water Service Company，以下简称WSCO）与用水户以合同形式，为用水户筹集资本、集成先进技术，提供节水改造和管理等服务，以分享节水效益方式收回投资、获取收益的节水服务机制。

WSMC的实质是一种以节约的水费支付节水技术改造项目全部成本的节水投资模式。这种模式为用水户利用未来的节水效益进行节水改造、提高用水效率、降低用水成本提供了一条可行的途径。由于节水是针对用水输入端的措施，通过节水减少了进入生产和消费过程的水资源，从源头上实现了节约水资源和减少污水排放的目的，具有良好的社会效益和生态效益，所以，WSMC是用水户、节水服务企业、政府、社会相关利益者多方共赢的投资模式。

WSMC的核心是市场化运作，契约式管理，涉及节水改造的所有内容如节水量、水费、合同有效期、设备寿命期、长效节水管理机制、运行维护经费来源与额度、违约责任和罚则等均由合同条款进行约定。所以，WSMC是一种新型的市场化节水机制。

WSMC可广泛应用于节水技术改造、水污染治理、水环境治理、水生态修复、农业高效节水灌溉等领域，是降低地方政府公共财政当期支出压力、提升区域水环境公共产品供给能力，改善政府公共服务质量、提高服务效率、促进区域经济社会发展的重要工具。

鉴于本书研究的主要内容是WSMC，WSMC的核心是节水，节水的客体是水资源，一般认为水资源是公共物品（也有经济学观点认为水资源是公共池塘资源，是准公共物品），水资源管理也是公共物品，其供给一般由政府提供。所以，首先有必要对公共物品诸领域的经济学观点进行梳理，作为本书的理论基础。其次，WSMC 本质上是一种市场机制，WSMC 提供的是节水服务，最终要形成节水服务产业，所以 WSMC 的理论必然涉及服务经济理论的相关观点。第三，WSMC 是一个系统工程，涉及先进实用节水技术的集成运用，节水服务产业链、供应链的整合与重构。所以 WSMC 的理论也会涉及产业链、供应链和技术创新理论的相关内容。最后，WSMC 是一个能够引进社会资本进入节水领域的新的商业模式，如何利用互联网平台等新技术、新手段、新金融来支持解决 WSMC 项目所需的资金和技术集成问题等，必然也会涉及到相关的基础理论。由于构建支撑 WSMC 的理论体系是个跨学科的系统工程，也是一个工作量巨大的系统工程，囿于个人知识面和精力所限，仅对以下几个关键的问题做些粗浅的阐述，以抛砖引玉。

第一节　水资源管理公共物品理论

公共物品是导致市场失灵的根源。近代关于"公共物品"的概念始于托马斯·霍布斯、大卫·休谟，在斯密、穆勒的经济学说里始见端倪。随后，萨克斯将边际效用价值理论运用到分析公共财政问题上来，为公共物品理论奠定了经济学基础。到了 1920 年，庇古在《福利经济学》一书中提出了"外部性""社会净物品""个人净物品"等概念，丰富了公共物品理论内容。1954 年，萨缪尔森发表了著名的《公共支出的纯理论》，建立了萨缪尔森模型，得出了著名的"萨缪尔森条件"，完成了公共物品理论体系。主要观点概括如下：

一、公共物品

按照微观经济学理论，社会产品可以分为公共物品、私人物品和介于公共物品与私人物品之间的准公共物品三大类。公共物品具有三个基本特征，即效用的不可分割性、消费的非竞争性和受益的非排他性。每个人消费公共物品不会导致别人对该物品消费的减少。纯公共物品同时具有消费的非竞争性和受益的非排他性，表现为四个特性：第一是非排他性，一个人对某公共物品消费的同时不排斥其他人对该物品的消费，不会因共同消费而减少其获得的满足；第二是非竞争性，每增加一个消费者的边际成本为零，即一种产品被提供出来以后，增加一个消费者不会减少其他人对该产品的消费数量和质量，其他人消费该产品的额外成本为零；第三是无偿性，消费者对这种物品的消费不支付任何的费用，或是以远低于该物品的边际成本的价格支付使用费；第四是强制性。这类物品是自动由政府提供给每一个社会成员，不管公民是否愿意接受或消费它。

只具备三个特征之一的是准公共物品，准公共物品还表现出三个特性：一是不完全的竞争性和不完全的排他性；二是消费的竞争性和受益的非排他性；三是消费的非竞争性和受益的排他性。

按照公共物品理论观点看，河流、湖泊、地下水等天然水资源本质上是纯公共物品的范围，水资源、水环境的保护也属于纯公共物品的范围。但是，当天然水经沉淀、消毒、加药处理进入管线之后则为准公共物品。而进入用水户、家庭的自来水和商店包装之后所出售的桶装水、矿泉水等则属于私有物品的范畴。在天然水阶段是完全的公共物品❶，在自来水和以后的阶段，水资源是准公共物品或私人物品。

二、公共物品供给机制

由于公共物品的非排他性和非竞争性特征，私人（市场）供给公共物品存在市场失灵。市场机制供给公共物品之所以会产生市场失灵主要有两个方面原因：一是搭便车行为，即在技术上无法将不付费的人排除在外或者排除的成本过高，导致以盈利为目的私人部门所花费的成本无

---

❶　关于天然水的经济学属性问题可以这样理解，即当国家水权制度建立以后，理论上可以用于开发利用的所有水资源都通过国家的水权初始分配确定了权属，此时，经过水权初始分配阶段的天然水经济学属性发生了根本性转变，即由原来的纯公共物品转变为私人物品。

法得到补偿并获取一定收益，因此私营部门没有动力去提供公共物品；二是消费偏好显示不真实，私人部门无法确定有效率的公共物品产量。公共物品消费的非竞争性决定了即使不付费或少付费也可以消费公共物品，这种特性隐藏了消费者的真实偏好，导致了价格机制在公共物品资源配置中不起作用。所以，由私人提供公共物品的供给量不是供给不足就是供给过多，导致社会资源配置低效率。主流经济学观点认为，由于在现实中很难找到一种机制使人们真实地显示其对公共物品的偏好，私人供给公共物品是低效的。而政府拥有信息和行政优势，可以凭借强势地位较为经济地解决公共物品供给中的"搭便车"问题，较公平地解决人民的共同需要。所以，公共物品不能或不能有效地由企业或个人通过市场机制提供，不能靠市场力量实现有效配置，必须由政府替代市场，由政府提供公共物品。

三、水资源管理的公共物品属性

水资源管理是公共物品，必须由政府提供。依据如下：

第一，从水资源的基本属性看，水资源是公共资源，对水资源的行政管理是公共物品，必须由政府提供。这一点在《中华人民共和国宪法》第九条中有明确规定："矿藏、水流、森林、山岭、草原、荒地、滩涂等自然资源，都属于国家所有，即全民所有。"《中华人民共和国水法》第三条规定："水资源属于国家所有。水资源的所有权由国务院代表国家行使。"从经济学观点看，属于所有人的财产就是不属于任何人的财产。归国家所有和全民所有的物品其所有权在现实世界是不清晰、不明确的。早在古希腊时期，亚里士多德就曾指出："凡是属于最多数人的公共事物常常是最少受人照顾的事物，人们关怀着自己的所有，而忽视公共的事物。对于公共的一切，他至多只留心到其中对他个人多少有些相关的事物。"按照公共物品理论的判定原则，水资源是公共资源，对公共资源的管理是政府职责，是政府代表全体人民履行的公共职能，因此，水资源管理属于经济学意义上的公共物品，必须由政府提供。

第二，从水资源管理内容上看，水资源管理包含规定水资源的所有权、开发权、使用权，制定水资源管理政策，如水费和水资源费政策、水源保护和水污染防治政策、水利投资政策等。制定水资源综合规划，水长期供求计划，水量分配与调度计划，水质控制与保护，防汛与防洪、分洪，蓄滞洪区使用等。水资源管理的内容涉及公共安全和公平正义，绝对不可以通过市场机制来实现。

第三，从水资源管理主要任务和管理手段上看，现代水资源管理主要是通过行政、法律、经济、技术和教育等综合手段，组织全社会力量防治水害和开发水利，协调经济社会与水资源开发利用的关系。处理各地区、各部门之间用水矛盾。限制不合理开发水资源和水源的行为，制定供水系统和水库的优化调度方案，科学分配水量等管理行为。这些管理行为本质上都是政府提供的公共服务，从属性上判断，这种服务是纯公共物品，不能由市场供给，只能由政府来提供。此前，有些文章简单套用合同能源管理的模式，提出了合同水资源管理的概念，殊不知，合同能源管理本质上是一种市场机制，而市场机制是不能提供行政管理这种公共物品的。所以，不管从哪一个角度讲，合同水资源管理这个概念存在谬误。

第二节　节水经济学理论基础

外部性问题与经济福利、市场失灵、政府规制等重大经济学问题密切相关，鉴于外部性问题在经济学中的地位和作用，长期以来一直备受关注。节水具有明显的外部性，对节水的外部性进行分析有助于提高我们对 WSMC 的认识。

一、资源配置理论

经济学是研究资源配置的学科。而资源配置的基本机制决定一个国家的经济体制。在经济学理论中，对资源的配置手段和方式历来分为两大类：一类是计划手段，即国家采用指令性计划的手段对社会资源、经济发展进行配置和调节；另一类是市场手段，即运用市场机制对社会资源、经济发展进行配置和调节。在中国特色的社会主义市场经济体制出现之前，世界上任何一个国家都可以据此划分为市场经济国家或计划经济国家。

进一步说，计划经济是传统社会主义经济理论的一个基本原理。计划经济是指以国家指令性计划来配置资源的经济形式。长期以来，计划经济被当做社会主义制度的本质特征。而市场经济是承认并维护私人拥有生产资料和鼓励自由竞争、通过市场交换中的价格调节供求和资源分配的经济运行体制。

计划经济主要特点是通过行政手段，制定无所不包的国家计划，直接调控单一所有制的企业来开展经济活动。市场经济是通过经济和法律手段，运用价格、供求、竞争、利率等市场机制来调控市场，由市场来引导多种所有制的企业开展经济活动。计划经济体制下利益分配体现的是公平，而市场经济体制下利益分配体现的是效率。一般来讲，计划手段着眼于宏观领域。体现了从宏观引导微观，进行总量调节，其作用是实现宏观经济的均衡发展和宏观经济发展目标。市场机制着眼于微观，适用于个量调节，调节的对象是自主经营、自负盈亏的经济主体，其作用是实现商品生产者和经营者经济利益的相互协调和经济高效率。两种方式各有特点，各有不同的适用领域，两者不能互相替代。对于微观领域的资源配置，市场机制相对于计划手段具有更高的配置效率。这一点可以从世界上绝大部分国家基本经济制度都采用市场经济体制得到证明❶。尽管市场机制是实现资源最佳配置的首要途径，但是市场经济体制不是万能的，市场机制也天然具有不可克服的缺陷。这也可以从市场经济发展历史得到印证。

在市场经济发展的初级阶段，零散的、依附于自然经济的商品生产和商品交换占主导地位，随着资本主义制度取代封建制度，经济社会出现了完全自由放任、自由竞争的市场经济模式。在这个阶段，世界上许多国家都采用亚当·斯密的政策主张，即采用市场手段来配置社会资

---

❶ 笔者论述不涉及社会主义和资本主义的公有制、私有制问题。

源，调节经济运行。这种调节和配置方式被喻为"无形的手"或"看不见的手"。随着社会进步和生产力发展，自由资本主义发展到垄断资本主义阶段，在这个阶段，排斥政府实施宏观经济调控，完全依赖市场机制这只"看不见的手"来保证国民经济系统的正常运行暴露出了种种缺陷和不足。如市场机制对于提供特定目标、特殊产品的经济活动不能实施有效调节，不能实现社会资源优化配置，如国防、教育、基础设施、环境保护、社会公共管理、抑制经济主体有限理性、减少经济周期性波动等。为此，凯恩斯提出了国家干预主义的经济理论，即政府通过制定经济计划等方式来配置资源，调节经济运行，以弥补市场机制的不足，这种调节方式被喻为"有形的手"或"看得见的手"。目前来看，只有把政府宏观调控这只"有形的手"与市场机制这只"无形的手"有机结合起来，才能保证国家经济平稳运行。

水资源是稀缺性经济资源，又是人类生存发展的社会资源。对水资源的配置手段也有两种方式：一是计划手段，即国家通过行政手段，制定各种指令性计划（如"三条红线"中的用水指标）对水资源进行分配和配置，通过用水指标和用水计划来控制微观经济主体使用水资源，但用这种计划手段对水资源进行配置是低效率的（计划经济体制在世界上逐步消亡的事实已经证明，依靠行政手段来分配社会资源一定是低效率的）。二是市场手段，即通过价格、供求、竞争等市场机制来配置水资源，提高水资源利用效率和效益。由于市场手段和计划手段天然的特点和特殊的适应性，所以，对水资源的配置必须把政府宏观计划管理这只"有形的手"与市场机制微观调节这只"无形的手"有机结合起来，才能保证水资源配置既保证公平，也讲究效率（当然，运用市场机制对水资源进行优化配置的前提是要明晰水资源权属，也就是要进行水权的初始分配）。

从经济学意义上讲，节水的本质是经济问题。❶ 节水是用水户在明

---

❶ 因为节水也涉及水资源配置，涉及社会公平和国家水安全问题，所以从政治学和社会学角度看，节水也是政治问题。

确了用水权（用水指标）后采取的微观经济行为。所以，节水的原动力在市场。必须统筹运用国家行政手段这只"看得见的手"和市场机制这只"看不见的手"，大力推动节水优先战略，才能实现水资源优化配置。

二、外部性理论

外部性又称为外在性，是指行为主体的活动对他人和社会造成的非市场化的影响。在经济学文献中有时也称为"外部效应"或"外部经济""外在经济""外在性"。布坎南给外部性下了一个定义："只要某人的效用函数或某厂商的生产函数所包含的某些变量在另一个人或厂商的控制之下，就表明该经济中存在外部性问题。"外部性通常分为正外部性和负外部性。正外部性是指行为主体的活动使他人或社会受益，而受益者无须花费代价。负外部性是指行为主体的活动使他人或社会受损，而造成负外部性的人却没有为此承担成本。归纳起来即：外部性是指一个人或一群人的行动和决策使另一个人或一群人受损或受益的情况。

外部性有三个基本特征：

第一，经济主体之间的外部性影响是直接的，而不是间接的。不是通过市场价格机制，以市场交易的方式形成的，而是市场机制之外的一种经济利益关系。

第二，外部性有正也有负。从外部性产生的主体来看，其行为可能对他人带来福利损失或未获补偿的效用，也可能带来福利增加或未付报酬的效用。前者即为负外部性，或称外部不经济，后者则为正外部性，或称外部经济。

第三，外部性通常出现在消费领域和生产领域。受外部性影响的可能是厂商，也可能是消费者或者是普通百姓。

除了正外部性和负外部性之外，还可以进一步细分出技术外部性与金融外部性、生产外部性与消费外部性、简单外部性与复杂外部性、帕累托相关的外部性与帕累托不相关的外部性、公共外部性与私人外部性等。

在现实生活中，外部性现象几乎无时无处不在。例如一个出外发展的年轻人回村修了一条路，附近的乡亲们享受了出入的方便而并未经过市场交易向年轻人支付报酬就是典型的外部效应。节水对减少排污、改善环境、缓解水资源供求矛盾具有积极影响，所以每一项节水技术改造甚至小到更换一个节水龙头都产生正外部性。相反，一家制革厂排出的废水污染了河流，影响了下游用水户却没有经过市场交易向这些受害者支付相应的代价，就是负外部性的具体体现。可见，负外部性是指一种经济行为给他人造成了消极影响，从而致使他人成本增加、收益下降等，对于现实中存在的种种外部性表现，没有人能够穷尽列举。

三、外部性与市场失灵

外部性问题的实质就在于社会成本与私人成本之间发生偏离，这种偏离导致资源配置失当，产生市场失灵。传统经济学认为，在充分竞争的市场环境下，需求曲线反映买者的评价，供给曲线反映卖者的成本，价格机制调整市场的供求关系，实现市场均衡。此时，买者、卖者通过市场交易实现价值最大化，市场均衡是有效率的。

由于外部性的存在，使得价格机制不能产生充分的激励作用，从而影响了资源配置效率。当存在正外部性时，社会价值大于私人价值，社会价值曲线在需求曲线之上。这说明正外部性使私人市场决定的数量小于社会合意的数量。当存在负外部性时，私人价值大于社会价值，私人价值曲线在需求曲线之上。这说明负外部性使私人市场决定的数量大于社会合意的数量。

正外部性对资源配置的不利影响主要有两个方面：一是产生正外部性的商品或服务的产量过小；二是产生正外部性的商品或服务的定价过高。因为如果外部收益没有被内在化，生产者就没有动力去增加该外部性。

负外部性对资源配置的不利影响也体现在两个方面：一是产生负外部性的商品或服务的产量过大；二是产生负外部性的商品或服务的定价过低。如果外部成本没有被内在化，生产者就没有动力去寻求能够降低外部成本的方法。

这是因为在经济人假设下，任何经济主体都不会去做自己承担成本但其他经济主体受益的事情。相反，经济主体倾向于做自己受益但其他经济主体承担成本的事情。外部性的存在对经济主体的行为产生负面的激励，使市场在决定资源配置时低效率，产生"市场失灵"。以污水排放为例，假如你是制革厂老板，你知道达标排放或少排放污水对水环境保护是有利的，但治理污水的成本需要你来承担（因为你可能要为此投资建设污水处理装置并实施工艺改造），如果其他制革厂都不达标排放或照样排放污水，而你自己花了很多钱来减排，你的生产成本就会上升，导致你的产品在市场竞争中处于不利地位，虽然水环境质量改善了，得到好处的却是所有人，留给自己的却是产品在市场竞争中败北，所以，你不会有动力去投资建设污水处理装置，对工艺设备进行节水改造。这就是因为说明了水环境质量是具有外部性的公共物品，靠市场是无法有效对其进行资源配置的。

四、节水的外部性

所谓的节水，是节约用水的简称。从 20 世纪 80 年代开始就有许多国内外专家对节水的概念、定义做了大量的研究，但至今未有普遍认可的定论。笔者查阅了相关资料，选择几个较有代表性的说法为引子，从中提出自己关于节水的定义，例如：节水是减少选定用途上的用水量，使之供给替代用途的用水，改变现行的水开发管理方法，开辟获得水的其他途径，提高地表径流及其流量的管理，适当改变水资源的数量和时空分布（美国水资源委员会）；节水是通过从经济、社会利益方面减少取水量、用水量和水的浪费而提高水的使用效率，预先阻止未来的供给需要，这在水的供给方和需求方都可以得到实施，它既包括在意外情况下的临时措施，也包括用以提高长期用水效率的永久性措施（Jordan，1994）；节水是通过加强城市节水管理来达到水资源支持城市社会经济可持续发展的目的（John）；节水是最大限度地提高水的利用率和水分生产效率，最大限度地减少淡水资源的净消耗量和各种无效流失量（沈振荣）；节水不仅是减少用水量和简单地限制用水，而且是高效、合理、充分发挥水的多种功能和一水多用、重复用水，即在用水最节省的条件下达到最优的经济、社会和环境效益（陈家琦）；节水是通过改善引水、输水和回收水的技术，或通过实施其他许可的节水办法来减少引水量以满足当前有效的用水（美国奥尔良州水法）；节水是指在不降低人民生活质量和经济社会发展能力的前提下，采取综合措施减少取用水过程中的损失、消耗和污染，杜绝浪费，提高水的利用效率，科学合理和高效利用水资源（崔超）；节水指通过行政、技术、经济等管理手段加强用水管理、调整用水结构、改进用水工艺、实行计划用水，杜绝用水浪费，运用先进的科学技术建立科学用水体系，有效使用水资源，保护水资源，适应城市经济和城市建设持续发展的需要（节水型社会建设目标导则）；节水就是要科学合理地用水，减少水的浪费（不合理用水、无效用水）、提高用水效率、减少排污、挖掘区域水资源的潜力和实现水资源的合理利用所采取的包括工程、技术、经济和管理等各项现实可行的综合措施的行为（杜成旺）等。

笔者认为，节水的概念可分为广义的节水和狭义的节水。广义的节水泛指国家通过经济、政策、技术、法律和宣传教化等系统性制度安排，推动全体社会成员树立节水意识，自主形成节水的生产和生活方式来降低社会生产活动中的水资源消耗，提高水资源利用率，实现水资源可持续利用的一系列人类活动的总称；狭义的节水是指行为主体在生产和社会活动中采取各种办法减少用水浪费、提高水资源利用效率和效益的行为。本书的主题是运用 WSMC 对特定项目进行节水技术改造，本书中关于节水的定义均来自于狭义节水概念的引申。在本书中，节水通常是指采用先进实用技术、工艺、产品对特定的用水项目进行节水技术改造，减少用水浪费，提高用水效率和效益的过程。

节水具有明显的外部经济性：

第一，节水减少了生产生活过程的总用水量，减少了用水户自身的水费支出，为社会节省了相应的供排水设施投资及运行管理费用。其中，为社会节省了相应的供排水设施投资及运行管理费用就是节水的正外部性。

第二，"节水即节能"。节水因减少排水量而节省了能源消耗，带来了节能效益，被节省的能源既可减少大气污染还可用于其他用途，产生更多的外部效益。

第三，节水因减少了排水量而减少对环境的污染，节省了治理水污染、改善水环境的投入，还减少了因水质恶化而产生的污水处理成本和生产损失等。

第四，节水还可以带来很多难以估量的环境效益和生态效益等，如减少地下水超采、解决更多人的用水、支持更多的工业增加值、提供更多的就业岗位等。

节水的外部性直接影响到社会资源的配置效率。长期以来，由于国家水权制度不完善，用水权、排污权不清晰，节水立法严重滞后，以水价为主要杠杆的市场机制不能反映用水成本、不能有效调节水供求关系，财政政策、税收政策不能有效解决节水外部效益内在化等问题，一方面，为推进节水工作，国家几乎承担了所有的节水工作，如财政安排大量专项资金用于推动开展节水型社会建设、编制节水规划、进行农业节水技术改造，开展海绵城市、节水型城市、节水型企业、节水型高校、节水型社区、农业高效节水灌溉示范区等节水载体建设。而另一方面，广大的社会资本却望而止步，基本不介入，充其量也仅为国家实施的节水改造项目提供技术和产品。究其原因就是节水存在的外部性没有得到很好的解决，社会资本对节水这种自己投入使他人或社会受益而受益者无须花费成本的事不感兴趣，从而导致节水技术改造供给不足。

节水的外部性理论为推行 WSMC 中政府采取支持性政策措施提供了有力的依据。节水产生正外部效益。推行 WSMC，从源头上节水减污，能使广大民众和全社会在改善生态环境中获得收益，从而产生外部经济性，可以创造出巨大的社会效益。根据外部性理论，当存在外部经济时，在完全竞争条件下，私人活动提供这种产品的水平常常要低于社会所要求的最优水平，这可以从我国节水型社会建设缓慢的历程得到证明。在这种情况下，政府应该对节水提供政策性支持，以消除外部性对成本和收益差别的影响，使私人成本和私人利益与相应的社会成本和社会收益相等，最终使资源配置达到帕累托最优状态。

五、节水与水资源稀缺性理论

稀缺性是经济学领域的概念，没有稀缺性就没有经济学。在原始社会，地大物博，人员稀少，自然资源能够很好地满足人类生存和发展的需求，此时各种自然资源不存在稀缺性，当然也不存在经济学。随着人类的发展，对自然资源的需求越来越多，慢慢就超出了自然资源的承载能力，当自然资源不能支持人类生存与发展的时候，自然资源的稀缺性就产生了。如何对稀缺的自然资源进行有效率的配置变成了一门学问，经济学由此产生。因此，很多自然资源并不是天然就具有稀缺性，如水资源。

水资源具有稀缺性是从经济学角度考察得出的基本判断。按照经济学的观点，水资源稀缺性是指一定范围内现有水资源总量相对于人们对水资源总量的需求呈现供不应求的现象。从理论上讲，水资源的稀缺性有两种表现形式：一是物质性稀缺，即水资源在绝对数量上不能满足全社会用水的需求而导致的水资源绝对稀缺；二是经济性稀缺，即水资源在绝对数量上可以满足人类的总需求，但由于水资源开发利用的投入与产出不经济，因而不能满足经济社会对水资源的需求而产生的稀缺状态。如前所述，在现实生产生活中，不管是农业灌溉、城市用水或河湖生态保护等，我国都存在着大量的缺水问题，这也证明了在我国水资源具有稀缺性。而同时，我们也发现，尽管我国水资源短缺，但水资源利用效率不高、用水浪费现象仍然比较普遍，再加上气候变化和时空分布不均，更加重了水资源的稀缺性。所以解决我国水资源稀缺问题的重要途径就是大力推动节水，避免不必要的水资源浪费，避免因过度排水造成水质性缺水而加剧水资源的稀缺性。

六、节水与循环经济理论

水资源具有循环性特征，水的循环是联系地球生态系统"地圈—生物圈—大气圈"的纽带。水资源与其他矿产资源不同之处在于其在循环过程中可以不断地恢复和更新。由于水循环过程是无限的，所以它不仅是个自然过程，也是人类社会开发利用水资源对水资源循环影响的过程。随着人类发展，经济活动频繁，人类对水循环的影响越来越普遍，越来越强烈。如果不加节制放任用水的现象长期得不到解决，必将严重影响和改变水循环的自然过程。

"循环经济"是指以保护环境、节约资源、促进资源循环利用为目的，在生产、流通和消费过程中进行的减量化、再利用、资源化活动的总称。循环经济本质上是一种生态经济，因为循环经济要求按照生态规律利用资源和环境容量，把清洁生产和废弃物的综合利用融为一体，按照自然生态系统中自觉遵守和应用生态规律，通过资源高效和循环利用，实现污染的低排放甚至零排放，实现经济发展和环境保护的"双赢"。循环经济也是一种节约型经济，因为循环经济要求资源利用的减量化、循环利用、高效利用，而资源减量化、循环利用和高效利用正是节约型经济的本质特征。所以，节约型经济正是循环经济的重要特征，发展循环经济必须以节约型经济为基础。发展循环经济模式，解决不健康水循环问题是保证水资源可持续利用的根本途径，改变不加节制的用水方式正是循环经济题中之意，所以，循环经济理论为推广节水模式创新、促进水资源集约高效利用奠定了理论基础。大力推动节水，促进节水减污，发展循环经济有利于我国经济发展方式的转变和水资源的可持续利用。

七、节水与水资源、水环境承载能力理论

水资源承载能力是由资源承载力理论发展而来。20世纪80年代，联合国教科文组织提出了资源承载力的概念："一个国家或地区的资源承载力是指在可以预见到的期间内，利用本地能源及其自然资源和智力、技术等条件，在保证符合其社会文化准则的物质生活水平条件下，该国或地区能持续供养的人口数量。"水资源承载力是资源承载力概念在水资源领域的引申。水资源承载力已经引起学术界的高度关注，但目前对其概念尚未形成统一的认识与定论，表达的意思也不尽相同。

《中国资源百科全书》中这样定义水资源承载能力："一个流域、一个地区或一个国家，在不同阶段的社会经济和技术条件下，在水资源合理开发利用的前提下，当地天然水资源能够维系和支撑的人口、经济和环境规模总量。"水利部原部长汪恕诚认为："水资源承载能力指的是在一定流域或区域内，其自身的水资源能够持续支撑经济社会发展规模，并维系良好的生态系统的能力"。水资源承载能力是一个与水资源量、水资源供需状况、水资源开发利用、生态系统变化、经济社会发展和人们生活消费方式密切相关的综合指标。由于一个地区的水资源量是有限的，因此这种支撑能力也是有限的。水资源承载能力概念的提出是与可持续发展理论密切相关的，所以，一个地区的水资源承载能力必须要以能够支撑该地区国民经济与社会可持续发展为前提。

　　水环境承载能力是指"在一定的水域，其水体能够被继续使用并仍保持良好生态系统时，所能够容纳污水及污染物的最大能力。"水环境承载能力是从污水排放的角度来讲，水体能承受多少排放物量。也可以理解为在某一时期，某种状态或条件下，某地区的水环境所能承受的人类活动作用的阈值。

　　水资源承载能力和水环境承载能力是同一问题的两个方面，前者是从用水角度考虑，后者是从水体纳污能力角度考虑。两者密切联系，相互影响。若用水过量，超过了水资源承载能力，不仅影响经济社会的发展，也降低了水环境承载能力，导致水环境恶化。反之，若污水排放超过水环境承载能力，不仅污染了水环境，还减少了本来可能使用的水资源，不仅降低了水环境承载能力，而且也降低了水资源承载能力。所以，只要两个承载能力中有一个出现问题，都会使另一个承载能力降低，导致恶性循环。

　　水资源承载力和水环境承载能力是可以通过开源与节流两方面得到提高的。所谓的开源就是拓宽可利用水的数量及质量，如跨流域调水、污水、降水、微咸水、海水淡化等非常规水源的资源化等。所谓的节流就是提升节水和水资源的利用效率，如农业节水、工业节水、城市居民节水、产业结构调整等。需要特别指出的是，科学技术是承载能力中最具活力的因子。科学技术进步和科技水平的提高对提高工农业生产水平具有不可低估的作用，为改善水资源承载能力和水环境承载能力提供了极大的潜力。如：新技术的研发应用可以提高水资源开发利用率、重复利用率、污水处理率等；应用新工艺、新的污染治理措施，在同等产出的条件下可以有效降低单位数量的污染物，从而提高水环境承载能力。

大量的治水实践表明，节流是提高水资源、水环境承载能力最有效的途径，而节水则是节流的最重要的途径。最直观的案例就是城市居民用水，如果每个家庭都节约 $1m^3$ 的水，节约下来的水可以用于发展新的生产，产生新的工业增加值，支持新的发展，同时也可以少排 $0.82m^3$ 污水，腾出来的水域纳污能力不仅可以支持新的发展，也可以缓解原有水域污染状态，所以，节水是提高水资源、水环境承载能力的最有效的途径。

第三节　节水服务产业链理论

WSMC 提供的是系统性、综合性节水服务，推行 WSMC，促进节水服务产业发展，首先必须弄清楚服务与服务产业、节水服务产业、节水服务产业链的概念和内涵。

一、服务与服务产业

党的十八届五中全会通过的《中共中央关于制定国民经济和社会发展第十三个五年规划的建议》提出：开展加快发展现代服务业行动，放宽市场准入，促进服务业优质高效发展。推动生产性服务业向专业化和价值链高端延伸、生活性服务业向精细和高品质转变。推动制造业由生产型向生产服务型转变。

（一）服务的本质属性

服务是一个极具争议的范畴，不同视角产生了多种服务概念，专家学者各有各的说辞。导致这一现象的主要原因是服务的复杂性和多样性。目前，学术界比较接受的主要有三种观点：第一，如果某个人或企业提供某种帮助或使用价值，而使接受者的福利得到改善，则这个人或企业就是在提供服务；第二，服务是具有交换价值的无形交易品，其使用价值可以是瞬间的、重复使用的或可变的；第三，服务是个人或企业有目的活动的结果，可以取得报酬，也可以不取得报酬。最有代表性的是希尔在 1977 年出版的《论商品与服务》中，从服务生产的角度给服务下的定义："一项服务生产活动是这样一项生产活动，即生产者的活动会改善其他一些经济单位的状况。这种改善可以采取消费单位所拥有的一种商品或一些商品的物质变化形式；另一方面，改善也可以关系到某个人或一批人的肉体或精神状态。随便在哪一种情形下，服务生产的显著特点是生产者不是对其商品或本人增加价值，而是对其他某一经济单位的商品或个人增加价值。"希尔的定义是目前经济学家广泛采用的定义。

（二）服务的基本特性

通常认为，服务是一种无形的过程和行为，无形性是服务最基本的特征。服务不表现为一个实物形态，表现的是一种运动形态的使用价值。服务的特征还包括同步性、不可分离性、异质性、易逝性等特征。这几种特征相互影响、相互作用，共同构成了服务与有形产品间的本质区别。

（三）消费性服务与生产性服务

消费性服务是提供直接满足终端消费需求的劳动和服务。生产性服务也称为生产者服务，是为其他商品和服务的生产者用作中间投入的服务。生产性服务是企业、非营利组织和政府面向生产者，而不是为最终消费者提供的服务和劳动。

（四）服务产业的概念与定义

与服务一样，服务产业的定义迄今为止也尚未取得一致的认同。20世纪 30 年代，英国经济学家费雪首先提出第三产业的概念，此后学术界一直以"第三产业"来形容现在意义上的"服务业"。1957 年，英国经济学家克拉克提出了"服务产业"概念，把"第三产业"称为"服务性产业"，提出了"克拉克定律"，奠定了西方服务产业理论的基石。至此，西方经济学界对服务产业进行了大量的研究。例如，罗斯托提出了经济增长阶段理论，即任何社会都可以根据其经济发展水平划分成传统社会、起飞前准备阶段、起飞阶段、成熟阶段和大众高消费阶段，相应的服务与服务产业的发展随着经济发展水平由低到高递进。特别是经济进入成熟阶段后，高科技的迅猛发展带动服务产业飞速发展，服务产业的重要性已经超过了工业和农业，成为三种产业的主体。当经济进入大众高消费阶段，人们衣食住行的需求得到完全满足，人口高度城市化，就业劳动力高度"白领化"，物质资料极大丰富，人们的需求已经从物质的需求转向了服务的需求，社会全面进入了服务型社会。美国社会学家丹尼尔·贝尔提出了"后工业社会"的三阶段理论，即"前工业社会、工业社会和后工业社会"。在前工业社会，服务业主要为个人服务和家庭服务；在工业社会，服务业以商业为主；在后工业社会，以知识型服务和公共服务为主。西蒙·库兹涅兹提出的现代经济增长与产业结构的变动理论认为：现代的经济增长实际上是经济结构的变化。工业革命的过程实际上也是服务业大发展的过程。因为服务业在这一过程中吸纳的劳动力最多，所以"工业化"过程也是"工业服务化"的过程。鲍莫尔、富克斯两位经济学家构造的模型对服务业发展的分析结果认为：如果越来越多的劳动进入劳动生产率相对较低的部门，如劳动增长率滞后的部门，经济增长最终将趋于停滞。因此，服务产业必须提高其劳动生产率，否则将阻碍整个经济的持续增长。而对于提高劳动增长率而言，引进新技术，进行工业化的产业化经营是一条可行之路。

在我国，对服务产业有两种比较典型的观点：一是把服务产业等同于第三产业，即服务产业是除农业、工业以外的所有其他行业的集合；二是把服务产业等同于传统服务业，如饮食、娱乐、修理等。持第二种观点的专家认为，正是我们把服务产业理解为传统服务业，因而严重削弱了服务经济在社会经济生活中的地位和作用，造成了新中国成立后一直到 20 世纪 80 年代中期我国服务产业严重滞后、畸形发展的局面。

对服务产业的进一步细化还可以分为生产性服务业和消费性服务

业。一般认为，生产性服务业的服务领域是消费性服务业以外的服务领域。认为生产性服务业体现为"中间投入"，是信息、知识和技术密集的产业，它不直接参与生产或物质转化，但其中间功能提高了生产过程中不同阶段的产出价值和运行效率。总体来讲，生产性服务具有一般服务的基本特征，同时又具有鲜明的自身特征。

2003 年，国家统计局采用了世界贸易组织（WTO）对服务产业的统一分类，将服务产业分为 11 大类，即：商业服务业、通信服务业、建筑及其有关的工程服务业、销售服务业、教育服务业、环境服务业、金融服务业、健康与社会服务业、与旅游有关的服务业、文化娱乐及体育服务业、交通运输服务业。至此，服务产业有了应用上的统一标准和规范。

二、节水服务产业

所谓节水服务产业是指专业从事及主要从事为节水、污水治理、水环境保护提供生产性服务及一系列相关服务活动的统称，包括节水技术与产品的开发运用、节水技术改造工程设计与施工、节水设施运行管理、节水技术咨询、水污染治理、水环境修复，以及围绕节水技术改造和节水产品推广运用等开展的资本与金融服务等。

节水服务产业具有四个典型特征：

一是节水服务专业性。以推行 WSMC 为例，WSCO 提供节水服务的对象均为单位客户而非个体客户，即 B2B 模式，顾客来源集中、稳定，WSCO 要求具备高度的节水专业知识。

二是节水服务系统性。任何一项节水技术改造都是一个复杂的系统工程，小的项目如对一个河道实行水污染管理，大的项目如运用 WSMC 模式对大学、医院等公共机构进行节水技术改造等。几乎所有的 WSMC 项目实施过程中均涉及到水平衡测试，可行性研究，技术方案论证，项目招投标，节水技术、工艺、产品的集成运用，社会资本的募集使用，改造后长效运行管理机制和 WSCO、节水技术产品供应商、用水户、金融机构、政府主管部门、第三方认证评估机构等部门、组织和企业。所以，项目伊始就要进行系统性设计，将系统性要求贯穿始终。

三是节水服务经济性。WSMC 模式提供的节水服务必须要有很好的经济性。并不是所有的节水改造都具有经济可行性。节水服务要综合考虑节水潜力、节水效益、水价承受能力、投资回收期等经济因素。

四是节水服务时间性。所有的 WSMC 项目必须明确提供节水服务有效期限、改造后运行维护和管理期限、投资回收期等方面的时间性要求。当前，我国的节水服务产业尚未形成规模，WSMC 模式是推动节水服务产业壮大发展的重要手段。必须通过 WSMC 的有效运用获得发展动力，促进我国节水服务业快速健康发展。

三、节水服务产业链

所谓的产业链是指按照生产、业务流程次序，基于产品和服务提供所形成的技术关联、经济关联的链式结构。产业链活动涉及供应商、制造商、分销商、代理商、零售商和消费者等行为主体，涉及到技术流、资金流、信息流和物流的传播。

所谓的节水服务产业链是指社会各产业的企业、组织或个人，以提供节水技术、节水产品、节水服务为核心，以投入产出为纽带，以经济价值和社会价值增值为导向，以满足用水户节水需求为目标形成的上下关联、动态的链式组织。节水服务产业链由推行 WSMC 相关联的上下游企业、科研院所、大专院校、服务机构等构建而成。其上游是进行节水、水污染治理、水生态修复技术的研发机构、大专院校、设计院所和节水装备制造、产品生产企业；中游主要是 WSCO 和第三方服务机构，对节水技术改造项目所需的资金和技术进行聚集、集成创新和总体策划；下游是公共机构和各种用水户节水改造市场，这也是整个节水服务产业链系统的最终环节。所以，也可以说节水服务产业链也是基于 WSMC 模式，推广运用先进实用节水技术的组织链条或链式组织。

构造节水服务产业链是节水服务产业发展的基础。遗憾的是，我国节水服务产业链至今尚未形成。据不完全统计，截至 2014 年，我国大大小小的各类节水、水污染治理企业近 12000 家。从数量上看，从事节水和水污染治理的企业已经不少，但由于缺少合适的价值增值模式，缺少统一协调规划，大量的节水企业和节水服务企业基本都是单打一，至今没有形成价值链、技术链、供应链和金融链的节水服务全产业链。节水服务产业链的缺失是我国节水服务产业发展缓慢的重要原因。要促进我国节水服务产业快速发展，必须解决节水服务产业链构建整合的问题。

WSMC 是构建节水服务产业链的链核。WSMC 为节水服务产业链的上下游企业创造了一种全新的价值增值模式，提供了基于节水技术集成创新和产业链金融的解决方案，为整合分散的节水技术产品和企业提供了一种有效的手段。随着 WSMC 的进一步创新运用和节水减污市场巨大空间的快速形成，构建我国节水服务产业链，促进节水服务产业发展已经不是遥远的将来。

第三章　WSMC 的 顶 层 设 计

节水具有明显的外部性。在市场外部条件尚未完善时，单纯利用市场机制开展节水是低效率的。当国家实行了严格的计划用水、定额管理、水价改革和实施最严格水资源管理制度，特别是划定了用水总量控制红线以后，在水量分配方案经过法定审批程序，取用水指标明确到用水户，初始水权分配到位以后，国民经济各领域的水资源经济学属性发生了根本性转变，水资源基本属性实现了从公共物品、准公共物品到商品和私人用品的完美过渡，在本质上具备了运用 WSMC 进行节水的充要条件。

2014 年 3 月 14 日，习近平总书记发表了"节水优先、空间均衡、系统治理、两手发力"新时期治水思路。

2014 年 4 月，水利部综合事业局提出围绕运用市场机制解决节水市场不发育、节水技术难推广、节水管理长效机制不落地等问题，正式启动 WSMC 模式相关研究工作。

2014 年 10 月，为了解市场反应，增加决策的科学性，水利部综合事业局分三批邀请国内拥有先进实用节水治污技术的科研企业，以及各领域生产节水设备的龙头企业 40 余家举行座谈，共同探讨开展 WSMC 的可行性，得到积极响应。

2014 年 11 月，为进一步摸清节水市场现状，获取第一手资料，加快推进节水型社会建设，水利部综合事业局成立专题调研组，分别对广东、福建等地运用市场机制自主开展的节水改造项目进行了实地考察，开展了广泛调研和深入研究，形成《贯彻落实"节水优先""两手发力"新时期治水思路专题报告》。

2015 年 5 月，为充分学习借鉴澳大利亚、新加坡在运用市场机制开展节水管理方面的成功经验，水利部综合事业局 WSMC 与海水淡化技术交流团访问了澳大利亚水务集团、墨尔本市政府、墨尔本皇家理工大学、澳大利亚环境部、新加坡公用事业局及大泉海水淡化厂等，重点交流探讨了澳大利亚政府在 WSMC 方面的政策及管理机制，以及新加坡政府在发展海水淡化方面的政策机制，形成《澳大利亚、新加坡运用市场机制开展节水的调研报告》等成果。

在充分考虑节水工作特点和深入调查研究论证的基础上，创造性地提出了 WSMC 这一新型市场化节水服务模式。

第一节　WSMC 基 本 概 念

如前所述，WSMC 是指节水服务企业与用水户以合同形式，为用水户指定项目筹集资本、集成先进技术，提供节水改造和管理等服务，以分享节水效益方式收回投资、获取收益的节水服务机制。

与传统意义上的节水企业通过推销节水产品或节水技术推动用水户进行节水技术改造的方式不同，WSMC 是一种集水平衡测试、节水技术改造方案设计、募集社会资金、实施技术改造、建立运行管理机制、核定节水效果、偿还投资及回报等为一体的综合性系统化节水服务模式。通过实施 WSMC 可以实现用未来的节水收益提高现实的生产力，降低企业生产成本，提高企业经济效益，提前实现生产工艺、生产设备和生产技术的全面升级。

WSMC 源于合同能源管理（EPC）。据考证，EPC 概念最早是由蒸汽机发明者詹姆斯·瓦特提出来的。瓦特为了推销他的蒸汽机，向客户许下承诺：我们可以为你提供免费的蒸汽机设备，并帮助你安装、调试，此外，我们还赠送你 5 年的服务；同时，我们还向你保证，我们提供的蒸汽机完全可以代替马匹，功能甚至是更好的，作用甚至是更大的，而且机器消耗煤炭的费用相对于你购买马匹以及为其提供喂养饲料所花费的更少。闻讯赶来的人纷纷定购，如此一来，他很快就卖掉了他的机器。与此同时，EPC 这个概念也随之诞生了。大约在 20 世纪 70 年代中期，西方经济发达国家广泛应用 EPC 开展节能减排，取得了很好的效果，逐渐成为一种全球性新型节能减排机制。我国从 1997 年开始引入 EPC，至今也有十几年历史。目前，EPC 已经从原来的节能领域拓展到环境治理领域，如合同环境服务等。而 WSMC 是在 EPC 基础上，结合水资源特性、节水基本属性、水污染管理、水环境修复等特点创新出来的，可广泛运用于工农业、生产生活、公共机构等领域的节水和水污染管理的一种新的市场机制。

基于 WSMC、募集社会资本、以提供节水技术改造和管理（含水污染治理、水环境治理、水生态修复、农业节水灌溉等，下同）服务、以盈利为目的的专业化服务公司统称为节水服务企业（WSCO）。WSCO 是 WSMC 的实施主体，根据节水技术改造项目的内容为用水户提供水平衡测试、可行性研究、项目设计、募集资本、集成技术、施工改造、运行管理机制设计、运行维护人员培训等全方位、专业化的服务。

简言之，WSCO 实施节水技术改造的主要步骤包含募集社会资本、集成先进技术、投入节水改造、节水效果评估、收回治理成本、分享节水效益、长效运行管理等（见图 3−1）。

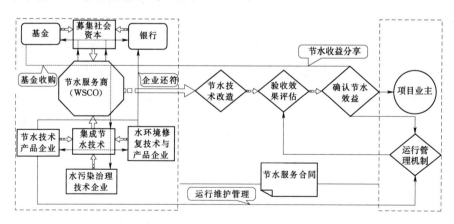

图 3−1 合同节水管理（WSMC）流程图

WSCO 募集社会资本有五个渠道：一是银行贷款；二是基金（其他金融衍生品）投入；三是核心技术企业（或产业链上相关企业）自

有资金；四是互联网金融；五是用水户（节水技术改造项目所有者）。❶

WSCO 集成先进技术、先进产品通常有四方面来源：一是自身拥有的核心技术或产品；二是技术股东拥有的核心技术或产品；三是分散在市场上的先进实用技术或产品；四是在前面三个来源基础上集成创新出来的系统节水技术。

实施节水技术改造是 WSCO 重要功能。通常有四种主要方式：一是大型 WSCO 自身的施工队伍或工程公司；二是具有相关施工能力的股东单位；三是通过招投标委托的社会化施工公司；四是上述三方的联合体。

节水效果评估及确认是 WSMC 中用水户和 WSCO 之间最容易产生争议的环节。在没有公共财政提供补贴及优惠政策的条件下，通常采用两种办法加以解决：一是合同双方评估确认节水量；二是由社会中介机构（或独立第三方，下同）进行节水效果评估。如果涉及到向政府有关部门申请财政补贴或其他优惠政策，需要提供有效力的节水效果评估报告，则一定要有社会中介机构进行节水效果评估，作为申请享受相关政策和用节水效益支付投资回报的依据。

长效运行管理机制是 WSMC 取得彻底成功的创新点和落脚点。如前所述，我国很多地区开展节水型城市、节水型工业、农业节水示范区等示范载体建设之所以没能长久发挥效益，其中一个非常主要的原因就是没有建立起能够维持节水工程、设备长久发挥作用的运行管理机制。进一步分析，这些运行管理机制不能长久运行的原因有两个：一是没有与之相适应的管理人员；二是没有可靠的运行维护经费。WSMC 在合同中设计了运行管理经费优先支付，收回节水改造投资劣后执行的强制性条款，用契约的方式保证了节水改造后运行管理体制能够长久、可持续。

---

❶　有关 WSCO 募集社会资本解决 WSMC 项目资金问题在本书的第六章有专门论述。

用水户用经双方确认的节水效益（如 WSMC 实施内容是水污染治理和水环境修复，则支付 WSCO 先期投入的治理成本和收益可能来自于政府的财政预算）支付给 WSCO 用于偿付投资成本和投资收益是WSMC 的结果。通常有几种方式：一是随自来水费结算体制按月或按季支付，即在交自来水费的同时将节约下来的水费支付给 WSCO；二是按合同约定的方式支付。所涉及的节水效益如何计算、如何确定分享比例等相关问题，在本书的后面章节中有专门论述。

第二节　WSMC 基 本 内 涵

WSMC 既是市场机制，也是一种投资模式、商业模式和服务模式。WSMC 的实质就是先期投入资本进行节水改造，用获得的节水效益支付节水改造成本，建立节水管理机制，分享节水效益、实现多方共赢的节水投资模式。这种投资模式最大的效用是未来节水收益提前用于用水户节水技术改造，提前降低企业用水成本。

WSMC 也是一种全新的节水商业模式，是节水企业在其所处的节水服务产业链和价值网络中，为自己、供应商、合作伙伴及客户创造价值的新的商业模式。WSMC 的提出为节水企业开辟了新的产业发展方向，提供了构建合作伙伴网络，使节水企业从分散式发展到集成集约式发展成为可能，为节水企业向节水服务商转变提供了一条阳光大道。

WSMC 也是新型市场化节水服务模式，是 WSCO 通过资本—技术—改造—管理—分享等步骤，为特定主体提供节水、水污染治理、水环境水生态修复等节水服务的服务模式。如前所述，当前存在于社会各行各业中的节水企业大多是节水产品的生产企业，以生产和提供节水产品作为主要任务，而以提供节水服务为主业的服务商则很少。究其原因，一是企业以提供节水产品为主转型到以提供节水服务为主的制度环境尚不完备。如水价太低不能有效将节水的外部性内在化，用水监督不到位导致用水户对节水服务需求不足等。二是没有能够满足社会资本趋利性要求的赢利模式和商业模式。随着国家推广 WSMC 的不断深化，各种外部约束和倒逼机制更加完善，上述问题很快就能得到解决。

WSMC 有三个显著的特点：一是用水户技术改造风险小。运用 WSMC 进行节水技术改造时，能确保所采用的节水技术和节水产品是现阶段在市场上最为成熟、最先进实用且经过节水产品认证的。WSMC 开展节水技术改造的主要目的是获得节水效益，所以实施前，WSCO 要向用水户承诺实现一定的节水量，如果竣工验收后不能实现节水目标，WSCO 必须对用水户进行经济赔偿，因此对于用水户来讲，不需要承担节水改造的技术风险。二是用水户财务风险小。实施 WSMC 项目时，WSCO 先行投入资金用于节水改造，用水户无须投入资金（或者只投入较少的资金），改造成功获得了效益后才按合同约定以节水效益支付改造成本，没有节水效益或节水效益没达到预期目标时，WSCO 必须向用水户进行经济补偿。所以，对于用水户来讲，在不增加企业经济负担和生产成本，不占用企业自有资金、流动资金，不增加信贷规模，不承担财务风险的情况下，可以提前获得节水设备的升级换代，有效降低用水成本，提高经济效益。三是可以扩大社会资本投入产出乘数作用，拉动经济增长，弥补当前地方政府财政支付能力不足。

第三节　WSMC 基本模式与适用范围

WSMC 是 2014 年提出的新概念、新模式，与合同能源管理几十年的历史相比，无论是经验、教训、模式、方法都还比较单薄。以下是从实际调研、理论研究和试点项目执行的情况中归纳总结出来的 WSMC 的三种基本模式。

一、节水效益分享型

节水效益分享型是指 WSCO 和用水户按照合同约定的节水目标和

分成比例收回投资成本、分享节水效益的模式。主要内容就是由 WSCO 为用水户指定的节水改造项目募集资本、集成运用先进实用节水技术、工艺和产品，进行节水技术改造，建立长效节水管理机制，在按照合同约定扣除当年节水系统运行维护费用后—支付节水改造投资本息—以合同约定的节水目标和比例分享节水效益的模式。节水效益分享模式关注的重点是节水改造后产生的节水效益如何分配和共享的问题。节水效益分享型有三个主要特点：一是节水效益的分享比例事先约定好并在合同中予以明确，可以从源头上避免当节水效益超预期时对节水效益分享的争议；二是规定了节水效益使用的优先顺序，通过合同方式解决了节水管理机制长效运行的经济基础，使机制不仅能够建起来，还能管长远；三是为合作双方提供了正向激励，鼓励用水户和 WSCO 服务商齐心协力，密切配合，共同采取更好的措施、更好的工艺来节约更多的水，创造并分享更多的节水效益，实现服务商、用水户、社会效益最大化。节水效益分享型适合节水空间较大但节水效益存在较大不确定性的节水技术改造项目。从实际情况看，能够进入商务谈判的节水技术改造项目一般都经过了初步尽职调查（含水平衡测试❶），认为具有可实施 WSMC 的节水空间，但因为组织施工或技术集成创新应用过程中还存在较大不确定性，且这些不确定性如果控制不好有可能对最终节水效益产生较大影响，所以，需要用水户、WSCO 共同努力加以解决。从这个角度分析，节水效益分享型适合几乎所有的 WSMC 项目。节水效益分享型示意图见图 3-2。

---

❶ 水平衡测试是加强用水管理，最大限度地节约用水和合理用水的一项基础工作。主要内容包括：①掌握用水户用水现状，如给排水管网、用水设施、仪器仪表分布及泄漏（或完好、运行）情况，用水总量和各用水单元之间的定量关系，获取准确的实测数据。②对用水现状进行合理化分析，掌握的资料和获取的数据进行计算、分析，评价有关用水技术经济指标，找出薄弱环节和节水潜力，制定出切实可行的技术、管理措施和规划。③搜集的有关资料、原始记录和实测数据，按照有关要求进行处理、分析和计算，形成一套完善的包括有图、表、文字材料在内的用水档案。

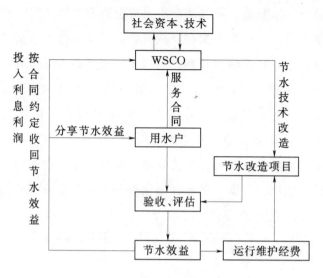

图 3-2　节水效益分享型示意图

二、节水效果保证型

节水效果保证型是 WSCO 与用水户签订节水效果保证合同，达到约定节水效果的，用水户支付节水改造费用，未达到约定节水效果的，由 WSCO 按照合同约定对用水户进行补偿的模式。具体来说，就是节水项目实施改造之前，由用水户向 WSCO 支付节水技术改造的资金（全部或部分由双方协商确定，也可根据实际情况由 WSCO 提供节水改造的全部或部分资金），同时，WSCO 对节水改造实施的节水效果作出承诺，对实施效果的误差提出相应的奖惩细则，由双方进行确认并形成正式合同的模式。节水效果保证型关注的重点是项目实施效果能否达到预期。具体操作过程是：WSCO 集成运用先进实用节水技术、工艺和产品，对指定项目进行节水技术改造，建立长效节水管理机制。项目竣工验收后，如改造后没达到合同约定的节水效果，WSCO 要按预先约定的条件向用水户进行效果补偿。当双方对节水效果认定出现异议时，通常可由独立第三方对节水效果进行评估，作出节水效果认定，作为解决节水效果异议的依据，最后由 WSCO 按合同约定的条件向用水户进行效果补偿。节水效果保证型有三个主要特点：一是预先设定了节水效果并在合同中予以明确，可以从源头上解决当节水效果失控时产生的争议；二是事先设定了补偿条款和仲裁机制，对节水技术改造可能出现的各种风险做了充分的评估和预判，划清了相关方的责任边界，有利于用水户控制投资风险；三是对用水户的资金能力和 WSCO 的技术能力、管理能力提出了更高的要求，有利于大型 WSCO 进一步扩大市场占有率而不利于中小型 WSCO 或新进入行业的 WSCO 拓展市场。节水效果保证型适用于节水难度较大、工艺复杂、系统性综合性强的节水改造项目，如钢铁、洗涤、印染、制革、煤化工等工业节水改造项目。节水效果保证型示意图见图 3-3。

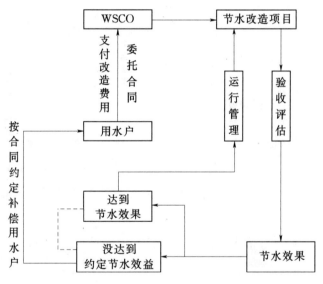

图 3-3　节水效果保证型示意图

三、固定投资回报型（投资总额控制型）

固定投资回报型是指节水项目实施改造之前，WSCO 与用水户通过合同约定节水效果、投资总额与投资回报等主要内容，由 WSCO 按照项目所需投入募集资本、集成运用先进实用节水技术、工艺和产品，对指定项目进行节水技术改造，建立长效节水管理机制，经验收合格后由用水户向 WSCO 直接支付或按合同规定分期支付投资加一定比例利润的模式。固定投资回报型关注的是项目的投入产出关系，特别是对投资总量和投资利润率的控制。固定投资回报型有三个主要特点：一是有利于用水户在同样的投入产出中享有更多的节水收益；二是简化了合同执行程序，有利于规避因节水效果不容易准确计量和评估可能带来的争议；三是对 WSCO 控制投资总额和利润指标提供了较好的激励。固定投资回报型适合节水效益显性化、节水效益存在着较大不确定性的项目和节水效益难以量化评估的项目，如水环境治理、水生态修复和水污染管理等。固定投资回报型示意图见图 3 - 4。

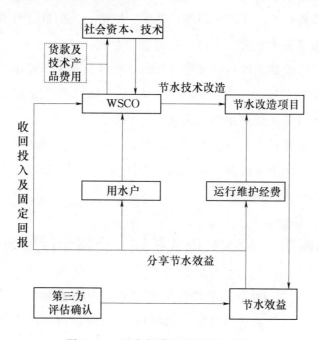

图 3 - 4　固定投资回报型示意图

实事求是地说，WSMC 是一个全新的概念，没有现成的经验可以借鉴，上述模式是从现有的 WSMC 试点基础上归纳总结出来的。目前，有关单位也在进行理论探索和实践。例如，国家相关部委还提出了用水费用托管型等模式。❶ 相信随着 WSMC 的逐步推广，以上几种基本类型会根据市场需求衍生出各种各样的混合模式、新模式，这也是事物发

---

❶　所谓的用水费用托管型是指用水户委托 WSCO 进行供用水系统的运行管理和节水改造，并按照合同约定支付用水托管费用的模式。

展的必然规律。

四、适用范围

WSMC 适用于所有需要进行节水技术改造的项目。包括但不限于以下领域：

（1）高耗水工业企业。主要是高耗水的钢铁、洗涤、印染、制革、煤化工等重点行业和工业园区。

（2）特殊行业。高尔夫球场、洗车、洗浴、人工造雪滑雪场、餐饮娱乐、宾馆等耗水量大、水价较高的服务企业。

（3）城市公共机构和居民生活用水。党政机关、事业单位的办公场所、写字楼、商场、文教卫体场所，机场车站、部队大院、学校、医院、居民小区等生活用水集聚区。

（4）其他领域。高效农业节水灌溉、大中型农业企业或土地流转形成的大规模农田节水灌溉、城市供水管网漏损控制和公共水域水环境综合治理等。

第四节　WSMC 模式扩展：合同水污染治理

2015 年 4 月，针对我国严峻的水资源、水环境形势，国务院发布了《关于印发水污染防治行动计划的通知》，对我国水污染防治工作做出了全面部署，明确了今后一个时期内我国水污染防治工作的总体思路、主要任务和具体措施，必将对我国经济社会发展方式的转变和生态文明建设产生深远影响。

应该说，经过多年努力，我国水污染防治取得很大成效，但还存在许多突出问题。数据表明，从 20 世纪 70 年代到 2009 年的近 40 年间，城市湖泊富营养化面积扩大了近 60 倍。2014 年对全国 121 个主要湖泊共 2.9 万 km^2 水面进行水质评价，还有 67.8% 的湖泊受到严重污染。主要江河水功能区水质达标率不到 50%，监测评价的 33% 河道长度、55% 湖泊面积、61% 平原区浅层地下水的水质劣于Ⅲ类。地下水污染十分严重，水质较差和极差的地下水占到 57.3%。全国范围内面积大于 10km² 的湖泊共 696 个，目前有 200 多个萎缩。我们面临的水环境形势不容乐观。

水污染具有明显的负外部性，为社会提供良好的水环境历来是政府的责任。国家非常重视对水污染、水环境的治理，下大气力健全完善了水功能区划、水源地保护、入河排污口管理、最严格水资源管理制度和三条红线等水环境保护法律体系，各级政府也制定相应的政策措施并采取了强制性管制手段，加大了水环境监督检查的"外部约束"。但是，在引入社会资本，运用市场机制这只"无形的手"，加强水污染治理方面却没有取得重大突破。运用 WSMC，引入社会资本，加快水污染防治，对于有效应对水环境的严峻形势、促进生态系统良性循环具有重要意义。

所谓的合同水污染治理是 WSMC 在环境治理上的应用扩展。通常指由 WSCO 与政府（企业）通过订立管理合同的方式，为特定的水污染（含水环境，下同）治理项目募集社会资本、集成运用先进实用的水污染治理技术、工艺和产品，对特定的项目进行水污染治理和水环境修复，建立长效运行维护机制，分享治理成果，收回投资及收益的新型市场化治理机制。合同水污染治理是 WSMC 应用于治水领域的服务模式和投资模式。是以提供水污染治理服务为核心，采用先行投资治理、治理成果确认、分享治理成果或由政府（排污企业）按合同约定支付全部治理成本（含利润）的一种服务模式。

合同水污染治理也是以未来的水环境效益（对政府来讲，是未来的财政预算）对现在的水污染进行治理，以提前获得良好的水生态环境，实现生态效益、社会效益、经济效益多赢的一种新型的治理方式。合同水污染治理基本流程见图 3-5。

根据用户的不同，合同水污染治理主要有两种类型：一是 WSCO 与污染企业的 C-C 模式，即由 WSCO 与污染企业签订合同，通过募集资本、集聚技术、治理水污染，分享治理成果（节省下来的减排费），收回投资收益（见图 3-6）；二是 WSCO 与政府的 C-G 模式，即由政府与

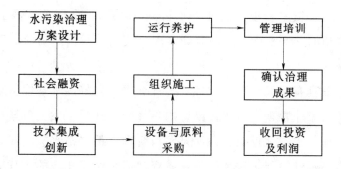

图 3-5 合同水污染治理基本流程图

WSCO 签订合同，由 WSCO 通过募集资本、集聚技术、治理水污染，确认治理成果，收回投资收益。C—G 模式本质上是政府购买 WSCO 提供的水污染治理服务，既属于目前国内极其流行的 PPP 模式，也是常说的环境第三方治理、合同环境服务的一种特殊模式。（见图 3-7）

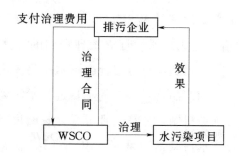

图 3-6 WSMC 的 C—C 模式示意图

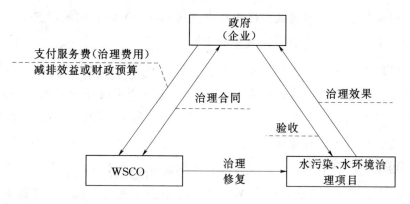

图 3-7 WSMC 的 C—G 模式示意图

根据偿还投资的依据和支付方式的不同，在 C—C 模式中又可分为治理效果分享型和治理效果保证型。在治理效果分享型模式下，环境服务商先期投入进行水污染治理，在达到治理效果后，排污企业将节省的排污费优先支付给环境服务商用于偿还先期投入，然后按事先约定的比例和排污企业分享节省下来的排污费。这种模式既可用于有大量污水排放需求的高污染行业，如大型纺织、印染、制革企业的污水治理，也可应用于这类企业因污水排放已经造成严重的水体污染需要治理恢复的情况。在治理效果保证型模式下，更多的是应用于对已造成污染的水体进行治理和恢复。

在 C-G 模式中，由于合同的一方是政府，其治理费用主要的来源是财政预算，每年可支配的用于水污染管理的经费基本是固定的，对水污染的治理任务也是年初计划确定了的，按照财政绩效管理的基本要求，这部分财政预算必须保证相应的水污染治理任务能够完成。所以通常采用的是治理效果保证型。

WSMC 的 C-G 模式与环境服务协议 C-G 模式最大的不同是前者是一次性投入治理，按合同约定分 5～7 年收回投入和收益。前期投入的是治水服务商募集的社会资本，可以依靠更多社会力量提前治理好水污染，而后者通常是根据政府预算分期治理，即先有预算再有治理，有多少财力治理多少水污染。显然，两种不同的模式给地方政府提供的激励是不一样的。

第五节　WSMC 实 施 主 体

WSCO 是 WSMC 的实施主体，是以提供节水服务为主业，以赢利为目的的新型服务企业。它通过对用水户生产活动全过程的水平衡测试，为用水户提出节水改造的建议和技术方案，并依据与用水户签订的合同开展节水技术改造，建立节水运行机制，提高用水户利用水资源的效率和效益。从经济学本质上看，由于节水具有的明显外部性，WSCO 作为节水服务企业，它本身包含着双重含义，即兼顾生态保护和社会发展的双重利益。而且在 WSMC 运行过程中这两者既不冲突，也不矛盾。

WSCO 本身就是在节水减污中获得经济效益的，WSCO 这个双重属性是其他企业难以比拟的。

WSCO 最重要的功能是为有节水意愿而没有经济能力、技术能力、管理能力的用水户提供全面的节水解决方案，并帮助其实现节水意愿。所以，WSCO 是 WSMC 的核心要素，WSMC 能否顺利实施完全取决于 WSCO 。

运用 WSMC 开展节水技术改造是个系统工程，从开始进行水平衡测试到最终建立节水管理长效机制、分享节水效益，这其中涉及方案设计、技术集成、商务谈判、社会融资、设备采购、施工管理、竣工验收、合同执行和风险防控等各个专业的人才。因此，按照 WSMC 对节水改造项目的运行管理定位，WSCO 必须具备以下基本条件：

一、节水技术集成能力

目前，社会上已经有许多先进实用的节水技术、节水产品、用水效率很高的生产工艺，每年的节水科技推广项目也包含着很多节水治污、改善水环境的先进实用技术，WSCO 不是以技术研发为主的科研院所，而是以集成运用现有技术解决现实节水问题的服务商，因此，技术集成能力是 WSCO 的核心能力，也是 WSMC 推广运用的关键环节。理论上讲，这个环节突破了，我国的节水工作会获得跨越式发展。WSCO 的节水技术集成能力通常由三个方面组成：一是符合公司发展定位的专业技术人员或虚拟技术团队。任何一个公司都不可能拥有熟悉所有领域节水技术的人才，聚合什么样的人才要根据 WSCO 的专业定位来决定。例如，主要以农业高效节水灌溉为实施对象的 WSCO 一定要配备有熟悉农业节水技术如高效输配水技术、渠道防渗技术、管道输水技术、地面灌水技术、喷灌技术、微灌技术及非充分灌溉技术等专业的技术人员或虚拟技术团队。而以非农业节水技术改造为实施对象的 WSCO 则要配备有熟悉循环用水技术、废水回用技术及"零排放"技术、高效换热技术、高耗水行业节水工艺、节水型用水器具、中水处理回用技术、雨水集蓄利用技术、海水淡化综合利用技术等专业技术人员或虚拟技术团队，这是节水技术集成能力的基础。二是搭建一个技术集成平台。三是建立一套完整的集成创新的激励机制。后两项工作可根据 WSCO 不同的企业属性来设计。水利部综合事业局一开始探索 WSMC 时确定由国泰新华实业公司作为实施主体，由于其是一家以实业开发为主的投资公司，所以在开展第一个项目时各项工作难以推进。后来，联合京津冀水务部门和 17 家拥有节水、治水核心技术的企业共同组织国泰节水发展股份有限公司，通过引入技术股东的方法在短时间内引入开展业务所需的专业技术人才，建立了虚拟技术团队，初步解决了节水技术集成创新的难题。

二、社会融资能力

WSMC 最大的特点是一次性投入、分期收回、投资额大、回收期长，每一个节水技术改造项目所需的资金主要由 WSCO 先期投入，如果没有良好的融资能力，WSCO 会因为资金链断裂而无法正常运作。在目前的条件下，WSCO 解决项目资金的主渠道仍然是商业银行。但由于 WSCO 是服务性企业，很少有机器、设备、厂房和土地等固定资产可以抵押，加之 WSMC 刚刚面世，银行对其缺乏足够的了解，出于对贷款回收安全性的考虑，在相当长的一段时间内对 WSMC 项目的资金需求会持高度谨慎的态度。因此，不管是新建、重组、转型的 WSCO 都要将融资能力建设作为首要工作。要关注以下几方面工作：一是要建立周全的年度投资计划制度；二是要从提高项目策划能力入手；三是要严格内部财务管理，有效地提高自有资金的运用能力；四是要建立外部财务投资人网络；五是要高度重视企业信用和信誉，在企业评级上狠下工夫；六是要注重提高企业创新融资模式的能力。

三、项目管理能力

WSMC 的施工组织及运行维护对节水效果至关重要，是项目能否长期获得节水效益、先期投资能否及时收回的关键环节。节水工程项目施工管理是一项综合性的管理工作，涉及工程进度控制、技术质量管理、材料设备管理、安全生产管理、工程成本控制、现场文明及后勤保障等。

所以，WSCO 要有专门的项目管理团队以确保每一个项目的节水技术改造都能取得成功。WSMC 的试点项目表明，一个好的节水改造项目管理要做好"三个控制"，注重"三个管理"。所谓的"三个控制"是指工程进度控制、工程质量控制和改造成本控制，所谓的"三个管理"是指技术集成管理、客户关系管理和安全生产管理。

第四章 WSMC 的实践探索

在经过前期的理论准备和顶层设计以后，WSMC 进入实践探索阶段。这阶段工作有三个主要目的：一是要确认运用 WSMC 进行节水技术改造经济上的可行性；二是要验证 WSMC 模式技术上的可行性；三是要形成可复制、可推广的标准化模式，为进一步推广 WSMC 奠定基础。

第一节 WSMC 试点探索的前期工作准备

WSMC 正确实施必须解决三个问题：一是实施主体，即 WSCO；二是募集社会资本的平台；三是节水技术集成创新平台。这三个问题既可以分开独立解决，也可以通过组建规模相对较大的 WSCO 来集中解决。

一、组建实施主体 WSCO

如图 4-1 所示，北京国泰节水发展股份有限公司（以下简称国泰节水公司）是一个新组建的以提供节水服务为主业的股份有限公司，为了解决开展试点示范所需的行政支持、技术集成、募集资本和项目管理等问题，在股权设置上联合了京津冀水务投资公司作为出资人，形成了水利部直属单位＋京津冀水务部门直属单位的 1＋3 模式。这种模式有利于在华北最缺水的京津冀地区选择试点进行示范探索。见图 4-2，组建 WSCO 案例——北京国泰节水发展股份有限公司。

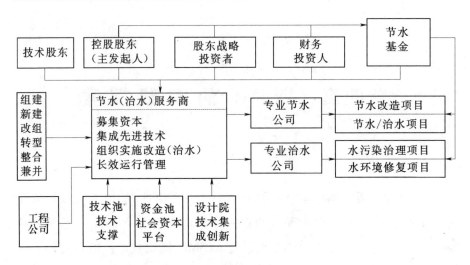

图 4-1　WSCO 组建示意图

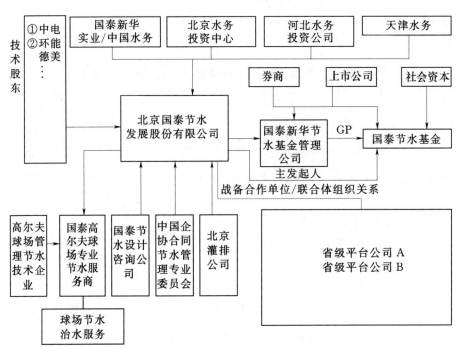

图 4-2　组建 WSCO 案例——北京国泰节水发展股份有限公司

二、搭建技术集成创新平台

为了解决技术支撑和技术集成创新的问题，国泰节水公司主要做了三件事：一是以水利部科技推广中心多年来积累的数百项先进实用节水、水污染治理、水环境修复的技术为依托，设计提出"技术股东"的概念，挑选了16家拥有核心技术的企业形成了国泰节水公司内部的"节水技术池"（由于业界对 WSMC 模式的高度赞同，16家技术股东中有4家是水利、水务行业里的上市公司）；二是为了解决技术集成创新的问题，国泰节水公司联合相关设计院牵头成立了国泰设计咨询有限公司，通过咨询公司组建虚拟技术研究团队，多渠道解决 WSMC 实施工程中碰到的技术问题；三是牵头成立中国水利企业协会 WSMC 专业委员会。广泛集聚先进实用节水技术，为技术集成创新提供基础条件。

三、搭建社会融资平台

针对 WSMC 先期投入大、回收周期长的特点，为了解决 WSMC 运行中可能碰到的项目融资问题，国泰节水公司着眼于募集社会资本，系统设计了以"节水基金＋银行贷款＋产业投资人＋节水技术企业"的融资模式。一是在股东层面引入了京津冀三个产业投资人北京水利投资中心、天津水利投资公司、河北水利投资公司和四个水务上市公司等产业投资人；二是增加国泰原始资本能力，将注册资本金设定为1亿元；三是建立"总对总"银企合作模式，与民生银行总行建立了"总对总"战略协作关系，打通了商业银行融资渠道，加大商业银行对 WSMC 的系统性支持；四是引导设立社会资本融资平台，成立北京国泰—新节水基金管理公司和北京国泰—新节水发展基金。为了控制可能产生的财务风险，第一期节水基金规模控制在8亿元，同时明确不承诺基金回报率、不承诺退出机制，基金存续期7年。由于资本市场对 WSMC 和节水市场相当看好，在短短的17天时间就募集了8.2亿元。

第二节　WSMC 实践探索——公共机构类

为了探索 WSMC 实际运行效果，国泰节水公司在京津冀地区选择河北工程大学作为公共机构运用 WSMC 的试点。

一、试点项目基本情况

河北工程大学地处河北省邯郸市，是邯郸市用水单位中人群比较庞大的单位，校园总占地面积 2336 亩，有主校区、中华南校区、丛台校区、洺关校区四个校区，其中主校区与中华南校区共有注册学生和教职工 3.79 万人。主校区建校较早，基础设施陈旧，特别是计量设备缺乏，水资源浪费严重。全校的生活用水总量约占到邯郸市区用水总量的 1/3，年用水水费达到 1200 万元。

随着学校扩招，财政经费主要用于新校区的建设或扩大学生活动区域，对节水的投入相对较少，再加上传统用水管理不够精细，使用粗放，设备老化等，致使水资源浪费及"跑、冒、滴、漏"现象较为普遍，特别是主校区与中华南校区给水管道均采用地埋式，存在不同程度渗漏、部分检查井被水淹没等问题，导致水资源浪费严重，水费虚高。

经协商，国泰节水公司选择河北工程大学主校区与中华南校区开展公共机构首个运用 WSMC 进行节水技术改造的试点项目。试点项目采用 WSMC 的节水效益分享模式。

本次改造国泰节水公司共集成运用了 16 项节水技术，先后完成了包括洁具改造、地下管网改造、用水监管平台建设、建立节水管理长效机制等内容的节水技术改造任务，历时 100 天，共投入 958 万元。

二、试点项目用水情况

历史资料显示，2012—2014 年，主校区与中华南校区年平均用水量 304 万 m^3，年均水费 1079 万元。现场测试主校区地下管网漏水量为 90t/h，中华南校区地下管网漏水量为 25t/h。人均生活用水量约为 170L/（人·d），为河北省用水定额（2009 生活用水）中规定的大专院校住宿生人均用水量 80L/（人·d）的 2 倍还多。试点校区基本情况见表 4-1。

表 4-1   河北工程大学项目区建筑面积、人数及用水量统计表

名称	位置	建筑面积/m²	人数/人	年平均用水量/m³	年平均水费/元
主校区	主校园	209169	11405	1236277	4388783
	东校园	148885	11913	802275	2848076
	西校园	99443	3534	306500	1088075
	家属院	106210		65729	233338
中华南校区	中华南	90651	4986	609932	2165259
	家属院	30663		20102	71362
合计				3040815	10794893

三、技术改造概况

为了不影响学生、教师的正常学习和办公，技术改造施工集中在寒假期间进行。改造工程由股东单位中国水务投资公司所属中水新华灌排技术有限公司与技术股东深圳市大能节能技术有限公司共同实施，依据现场实际情况，采取间断性施工，由点到面逐步展开的方式进行。技改主要内容如下：

第一，洁具改造。主要是将末端用水器具，更换为节水器具。具体包括：卫生间原有高位水箱、面盆龙头、墩布池龙头、小便器、蹲便器等用水终端拆除并新装节水器具；部分卫生间原有抽水马桶拆改为节水马桶；卫生间局部给水管道加装截止阀；卫生间蹲厕土建拆除、新做防水、装饰恢复等。改造先后更换节水龙头4587只、节水脚踏阀4347只、节水面盆水龙头1582只、节水小便阀887只、节水拖把水龙头420只、自动感应小便槽240只、节水马桶34只。在更换节水器具的同时还做了防水施工，更换地面瓷砖，厕门改造等附属和配套工程。

第二，地下管网改造。针对老校区地下管网泄漏严重的问题，本次改造对严重泄漏的局部管网进行更换，主要采用PE管及加筋PE管替换原来的旧水管网共计3100余m，更换井盖200套，安装及更换阀门120个，新安装远传水表65块，检出并修补漏点31处，实现了主校区和中华南校区各栋公共建筑运行、监管全覆盖。

第三，节水监管中心建设。在原有的公共建筑节能监管平台基础上进行全面更新改造，加装了控制阀门，细化了水表分布，升级了节水监控软件，实现用水智能管理。配套建设节水产品展示大厅。监管平台可实现水耗实时动态监测，监测建筑类型包括行政办公楼、教学楼、实验楼、图书馆、学生宿舍、学生食堂、公共澡堂，监测对象覆盖各处室、各学院。

四、节水改造效果

截至本书付梓之际，河北工程大学的 WSMC 项目已经运行 12 个月整，根据河北省邯郸市自来水公司提供的实际收费数据，2015 年 4 月至 2016 年 3 月的用水量与 2014 年和 2015 年同期相比，节水效果明显，共计节水 1429860m³，节约水费约 550 万元，平均节水率达 47.3%，详细数据见表 4-2，工作流程及效果见图 4-3。

表 4-2　　河北工程大学节水改造前后用水情况对比表

	2014—2015 年用水量/m³	2015—2016 年用水量/m³	节水率/%
4 月	279632	163464	41.5
5 月	227253	131174	42.2
6 月	272045	157035	42.2
7 月	258434	137605	46.8
8 月	172980	71908	58.4
9 月	254918	114016	55.3
10 月	275885	122992	55.4
11 月	298327	159142	46.7
12 月	301379	154806	48.6
1 月	249748	146650	41.3
2 月	199093	90432	54.6
3 月	234188	144798	38.1
合计	3023882	1594022	47.3

按照合同期 6 年计算，共可节约用水 857 万 m³，节省水费约 3385 万元，减少污水排放超过 700 万 m³。按项目寿命期 15 年计算，本次节水技术改造预计可节水 2143 万 m³，节约水费 8466 万元，扣除 15 年运行维护费用 1230 万元，节水净效益 7236 万元，投入产出比例为 1：7.5。

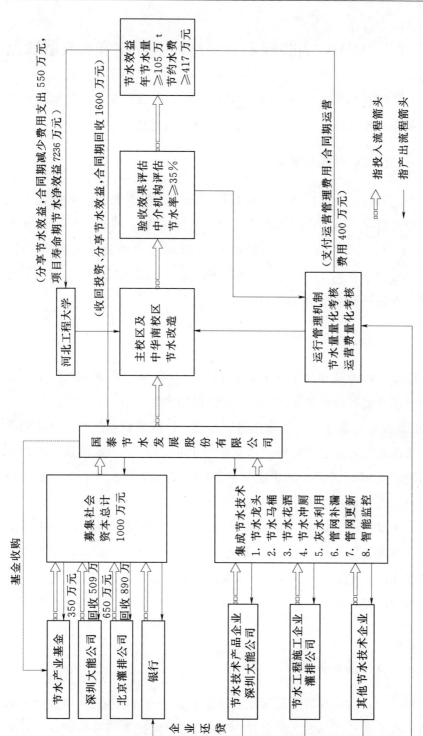

图 4—3 河北工程大学 WSMC 工作流程及效果示意图

第三节　WSMC 实践探索——高耗水行业节水改造试点

为了探索 WSMC 实际运行效果，国泰节水公司在京津冀地区选择北京某高尔夫球场作为高耗水行业节水技术改造的试点。

一、试点项目基本情况

北京某高尔夫俱乐部是纯会员制俱乐部，位于北京市通州区宋庄镇，离潮白河 2km，中坝河贯穿球场。该球场共有 27 洞，占地面积为 1800 亩（约 120 万 m²）。绿化面积为 65 万 m²，其中植草面积约 50 万 m²，景观区面积为 15 万 m²。球场工作人员约 200 人，年接待量为 5 万人次。全场年用水量约 60 万 m³。

二、试点项目用水情况

经水平衡测试和尽职调查，该球场前 3 年年均用水 60 万 m³，其中，球场年灌溉用水量为 50 万 m³，生活用水为 10 万 m³。2014 年 5 月 1 日起北京市对高尔夫球场实施特殊行业水价政策后，按照北京市发改委确定的水价，高尔夫球场用水水价为 160 元/m³，照此测算，球场每年需交水费 9600 万元，其中灌溉水费 8000 万元，占比 83.3%。新水价倒逼高尔夫球场主动提出节水技术改造。

本次试点改造区域为该球场的 A、B 场（标准 18 洞）。节水改造前，试点区域场地草坪面积 40 万 m²，年用水量约 40 万 m³，草坪单平米灌溉用水量约 1m³/a。原灌溉水源以地下水为主，地表水、雨水、生活污水为补充。原灌溉方式以半自动化灌溉加人工局部补灌，灌溉系统较为落后。

三、合同基本情况

经协商，由国泰节水公司控股的慧丰节水公司（专业从事高尔夫球场节水技术改造的 WSCO）运用 WSMC 的固定投资回报模式，通过合同管理的方式，对高尔夫球场实施节水技术改造。项目总投资1200万元，合同有效期5年，主要内容如下：

第一，改造目标。本项目节水改造主要内容有两部分：一是精细化灌溉（科学施灌）改造，主要目标是由原来草坪灌溉年用水量 $1m^3/(m^2 \cdot a)$，降至 $0.583m^3/(m^2 \cdot a)$；二是中水水源引进替换和中水水质提升，由原来以地下水水源为主，改为主要水源引自中坝河河水（为市政中水、经过水质提升后达到灌溉要求）和雨水及地表水收集得来的非常规水源。

第二，明确改造所需的技术和资金全部由WSCO募集（集成），改造后由双方共同建立长效节水管理机制，双方在合同中明确将运行管理经费作为重要的费用在节约的水费中优先支付。

第三，建立节水投资偿还机制。确定投资收回资金渠道、投资总额控制，投资回报率等。明确由节约的水费优先偿还投资本息（投融资、改造和维护成本并获取合理回报），剩余部分双方按比例分享。

四、技术改造概况

经过水平衡测试和尽职调查，WSCO提出的技术方案经过了多次修改和论证，最终确定了以球场灌溉系统技术改造和以深度处理的中水替代抽取地下水为核心，以地下管网局部改造和气象、土壤墒情自动测报系统为配套的技术改造方案，在这个方案中，国泰（慧丰）节水公司集成运用了先进的角度喷头、新型管材、地下管网改造、喷灌系统升级、中控自动控制系统、气象数据自动采集计算系统、土壤墒情实时监测系统、污水水质提升设备（$1500m^3/d$）、PTA20＋MBR水质集成处理提升工艺等节水（治污）技术。从减少管道压力损失、提升喷灌均匀度、通过气象站的实时数据算出每天的蒸发蒸腾量（ET值）、通过实时监测土壤含水量、土壤温度和电导率实时控制土地墒情指导灌溉，全面提高了灌溉系统管理水平。

五、节水改造效果

球场经过节水技术改造后，灌溉系统每平方米草坪灌溉定额由 $1m^3$

降到国家标准的 0.58m³ 以下（达到美国等发达国家的高尔夫球场灌溉用水水平），试点区域的 18 洞高尔夫球场每年可节约用水 20 万 m³。按北京特殊行业用水水价 160/m³ 计算，每年可节约水费 3200 万元。合同期内可节水 100 万 m³。北京市现有高尔夫球场 100 多家，如对 50％的球场进行节水改造，每年可为北京市节约地下水资源 1000 万 t。如按现行水价计算，每年可节约水费 1.6 亿元。

第四节　WSMC 实践探索——水环境治理试点

为了探索 WSMC 实际运行效果，国泰节水公司在京津冀地区选择天津护仓河作为水污染项目进行试点。

一、试点项目情况

护仓河是天津市一条重要景观、排沥河道。自天津市河东区光华路与中环线交口起，沿光华路、津塘公路、昆仑路、富民路，止于郑庄子雨水泵站，全长约 5.43km。本次项目实施地点为津塘公路至郑庄子雨水泵站段，全长 4km，治理段上口宽约 35m，下口宽约 28m，深约 2m。

二、试点项目水质情况

护仓河沿线口门存在汛期雨污合流水排入河道现象，部分河段不能实现水体循环流动，水生态系统脆弱，由于护仓河水体富营养化的逐年积累，河道内连年出现蓝藻水华，严重时呈现"绿油漆"现象，严重影响城市景观环境。

三、治理目标

（一）污染控制区

污染控制区的治理目标是消除水体黑臭现象，水体透明度提升到 50cm 以上，消除水华现象，主要指标（COD、NH_3-N、TP）削减 40％以上。

（二）常规治理区

常规治理区的治理目标是：主要指标（高锰酸盐指数、COD、氨氮、总磷、溶解氧等）达到 V 类，水体透明度提升到 50cm 以上，TN 指标削减 50％以上。

四、试点项目合同情况

该项目采用 WSMC 的节水（生态）效益支付与政府购买服务相结合的模式。项目总费用 1543 万元（含节水公司收益），治理及维护期 4 年，合同期内预计年可节约生态用水 216 万 m^3，年综合经济效益超过 600 万元。同时可保证在合同期内该水系水质达到 V 类水体标准。

五、水污染治理（水环境修复）过程

国泰节水公司集成运用河道生态清淤、EHBR 生物强化耦合膜、EPSB 工程菌、水生植物浮岛、喷泉曝气、复合硅酸铝等水污染、水环境修复与治理技术，对护仓河实施底泥污染治理、水质提升、水生态修复、应急处理和水环境维护服务的综合治理与管护服务。从 2016 年 3 月开始，业主单位天津市排管处委托第三方检测单位对护仓河治理期间水质状况（主要检测指标：COD、NH_3-N、TP、透明度等）进行检测对比❶，主要水质指标变化如图 4-4～图 4-6 所示。

取样时间	1 号点位	2 号点位	3 号点位	4 号点位
2016 年 3 月	39	54	59	82
2016 年 4 月	36	54	67	72
2016 年 5 月	35	58	39	51
削减率/%	10.26	—	41.79	37.80

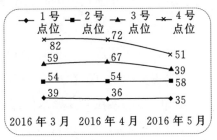

图 4-4　护仓河项目治理期 COD 变化趋势图

---

❶ 项目河道总长度 4km，设 4 个取水监测点。

取样时间	1号点位	2号点位	3号点位	4号点位
2016 年 3 月	9.63	5.325	5.44	16.4
2016 年 4 月	8.99	1.88	1.61	4.16
2016 年 5 月	1.73	0.068	1.76	1.52
削减率/%	82.04	98.72	67.65	90.73

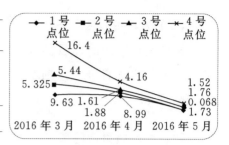

图 4-5　护仓河项目治理期 NH_3-N 变化趋势图

取样时间	1号点位	2号点位	3号点位	4号点位
2016 年 3 月	0.58	0.565	0.555	1.51
2016 年 4 月	1.06	0.262	0.248	0.659
2016 年 5 月	0.31	0.147	0.172	0.225
削减率/%	70.75	73.98	69.01	85.10

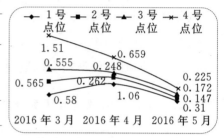

图 4-6　护仓河项目治理期 TP 变化趋势图

根据水质检测结果，COD、NH_3-N、TP 和水体透明度均满足合同规定的治理要求。

六、治理成效

治理后的护仓河每年直接节水经济效益在 554 万元（其中节约水费 324 万元、治污费 108 万元、蓝藻治理费 54 万元、减排效益 68 万元），4 年合计直接节水效益 2200 万元以上。由于本项目将护仓河的日常管理工作也纳入了服务范围，治理完成后，日常的运行维护由 WSCO 负责，业主每年还可节约日常管理费用、人工费等，年综合经济效益预计可达 600 万元（在未计算水资源费、水权交易费、排污权交易费、由目标水域水质不达到要求造成经济损失等节水效益情况下），4 年预计可达 2400 万元。由此可见本项目的实施不仅可以保持护仓河的基本功能，减少"引清冲污"水量消耗，获得良好的经济效益，治理后的护仓河水质和水生态环境还可得到大幅度提升，试点项目为我国开展水环境、水生态治理提供很好的示范作用。

第五节　WSMC 实践探索——水污染治理试点

国泰节水公司与其股东单位选择四川崇州市向阳水库作为水污染治理项目的试点，经协商，采用 WSMC 的固定投资回报模式，通过合同管理的方式，对向阳水库实施水污染治理。合同有效期 5 年，主要内容如下：

一、试点项目基本情况

四川省崇州市向阳水库位于崇州市道明镇。向阳水库集雨面积 2.4km²，总库容 800 万 m³，为崇州市一级饮用水源保护地，涉及 15 万人口的饮用水安全。

二、试点水库水质状况

向阳水库水生态环境长期受到周围农业生产、旅游业、养殖业等化肥、农药和生活垃圾污染的影响，水质指标一直低于饮用水一级保护区规定的地表水 Ⅲ 类水的标准要求。治理前，向阳水库水体混浊，水色偏暗黑色，水体透明度低。夏季气温炎热时，库湾处偶有蓝藻水华暴发。据崇州市水务部门提供的检测数据，向阳水库水样 COD 超标（Ⅴ 类）、总氮超标（劣 Ⅴ 类）、总磷超标（劣 Ⅴ 类）。

三、试点项目合同情况

该项目采用 WSMC 的节水（生态）效益支付与政府购买服务相结合的模式。项目总费用 300 万元（含节水公司收益），治理及维护期 5 年，合同期内预计年可节约生态用水 2880 万 m³，年综合经济效益超过 600 万元。同时可保证在合同期内该水系水质达到 Ⅴ 类水体标准。

根据崇州市向阳水库水体的实际状况，WSCO 与向阳水库管理部门签订了治理合同，主要内容为：一是明确了治理目标，双方确定水库水质治理后应达到的主要理化指标（氨氮、总氮、pH 值、总磷、砷、汞、铬、铅）应符合《地表水环境质量标准》（GB 3838—2002）的 Ⅲ

类水质标准；二是保质维护期规定，在没有外来污染源的情况下，确保水质稳定在 GB 3838—2002 标准的Ⅲ类水质标准 1 年以上，在此基础上由 WSCO 再运行维护管理 5 年；三是明确治理总投资 300 万元，合同期 5 年内每年维护费 60 万元。

四、治理施工过程

第一阶段强制治理，主要是对水库进行现场勘察、喷洒稀土复合硅酸铝水处理剂Ⅰ型产品强制提升水质。第一阶段治理完成后，向阳水库水质优化为地表水Ⅲ类水。15 天后，使用稀土复合硅酸铝水处理剂Ⅱ型开始第二阶段治理。

五、治理效果

经过 3 个月的治理和维护，水质发生很大变化：一是水库水体透明度大幅增加，水质清澈，水库整体观赏性有较大提升，且全年无藻类水华暴发；二是水质达标，经卫生部门水质评价，向阳水库水质符合《地表水环境质量标准》（GB 3838—2002）Ⅲ类标准；三是水体自净能力明显增强，水体浮游生物大量繁殖，包括原生动物、轮虫、枝角类、桡足类及浮游生物优势种群生物量显著增加，水生鱼类、底栖动物数量、种群组成基本平衡。经四川省水文局水质检测中心检测，水质已达到国家地表水环境质量标准Ⅱ类水质要求，满足生活饮用水源地水质要求。见表 4 - 3。

表 4 - 3　　　崇州市向阳水库改造前后水质对比表

样品类型		地表水	取样点	崇州市向阳水库	
评价采用标准		地表水环境质量标准（GB 3838—2002）			
序号	检测项目	治理前		治理后	
		含量/(mg/L)	单项评价	含量/(mg/L)	单项评价
1	锰	0.01	Ⅰ	0.01	Ⅰ
2	铜	0.02	Ⅱ	0.005	Ⅰ

续表

样品类型		地表水	取样点	崇州市向阳水库	
评价采用标准		地表水环境质量标准（GB 3838—2002）			
序号	检测项目	治理前		治理后	
		含量/(mg/L)	单项评价	含量/(mg/L)	单项评价
3	锌	0.05	Ⅰ	＜0.005	Ⅰ
4	砷	0.23	劣Ⅴ	0.0012	Ⅰ
5	铬	0.05	Ⅲ	＜0.004	Ⅰ
6	汞	0.005	劣Ⅴ	＜0.00001	Ⅰ
7	铅	0.01	Ⅱ	＜0.0025	Ⅰ
8	总氮	2.39	劣Ⅴ	0.41	—
9	总磷	0.18	劣Ⅴ	＜0.01	—
10	氨氮			0.17	Ⅱ

六、效益分析

（一）生态效益

向阳水库作为集中式生活饮用水地表水源地一级保护区，治理后的向阳水库水质达到《地表水环境质量标准》（GB 3838—2002）Ⅱ类水质，为 5 个乡镇约 15 万人提供了更加优质的饮用水源，使 22 万亩农田灌溉从源头控制了污染源，有效减轻污染物质对农产品、水产品的影响。

（二）经济效益

（1）直接经济效益。治理前崇州市向阳水库水质为劣Ⅴ类，要将向阳水库劣Ⅴ类水体置换到Ⅲ类水质，共需要Ⅱ类标准清水 2 倍才能实现。清水置换一次需要消耗水量 1600 万 m³，每年换水 1.8 次，合同期 5 年可节约Ⅱ类标准清水 14400 万 m³，按照成都市自来水水费 0.3 元/m³ 计算，节水效益为 4320 万元，扣除一次性强制提升水质费用 300 万元和 5 年维护经费 300 万元，节水净收益 3720 万元。

（2）间接经济效益。水质监测历史数据显示，水库水质常年总体处于劣 V 类状态，治理时向阳水库常年储水量 800 万 m^3，常年处于劣 V 类，年换水 1.8 次，则总排污水量为 1440 万 m^3。以污水处理费 0.9 元 /m^3（成都市污水处理费标准）计算，治理后可节约治污费用 1296 万元。

第五章　WSMC 实践的启示与存在的问题

总结国泰节水公司及其核心技术股东在推行 WSMC 过程中的做法、经验和体会，结合合同能源管理（EPC）在我国发展的主要做法、取得的成效、存在的问题和笔者对推行 WSMC、促进我国节水服务产业发展的思考，归纳出如下的启示和问题。

第一节　经验与启示

一、推行 WSMC 有利于节水治污，改善生态环境，可以加快节水型社会建设和水生态文明建设

水生态文明是生态文明的重要内涵和组成部分。当前，我国部分地区水资源开发已经接近或超出水资源和水环境承载能力，引发河道断流、湖泊干涸、湿地萎缩、绿洲退化、地面沉降等生态问题。加快推进生态文明建设、建设美丽中国，核心在解决缺水、治理水污染、修复水环境，其中最关键的环节是节水。只有把节水的观念、意识、措施放在优先位置并贯穿于经济社会发展和生活生产全过程，才能够从源头上缓解水资源短缺压力，减少污水排放，少采地下水，阻止水环境、水生态持续蜕化。

河北工程大学 WSMC 试点表明，在项目有效寿命期 15 年内，共可节水 1650 万 m^3，少排污水 1353m^3，少采地下水 825 万 m^3；北京某高尔夫球场 WSMC 试点表明，在项目寿命期 15 年共可节水 1125 万 m^3，少排污水 922 万 m^3，少采地下水 900 万 m^3；天津护仓河 WSMC 试点表明，合同期 4 年内共可节水近 1000 万 m^3，减少排污近 800 万 m^3；四

川崇州向阳水库 WSMC 试点表明，合同期 5 年内可节水 14000 万 m³。试点实践表明，运用 WSMC 对公共机构、高耗水工业企业、城镇公共供水管网、居民小区等进行节水技术改造是促进节水型社会建设和水生态文明建设的有效途径。

二、WSMC 是落实节水优先、两手发力的有力举措

2014 年 3 月 14 日，习近平总书记提出了"节水优先、空间均衡、系统治理、两手发力"新时期水利工作方针，为水利改革发展指明了方向。如何通过市场发力来落实节水优先成为各级水利部门广大干部职工讨论的重点。长期以来，节水主要依靠政府发力，虽然也取得了重大进步，但市场机制一直没有发力，运用市场机制推动节水事业发展作为解决中国水问题的重要举措和关键措施一直没能取得突破性进展。试点实践证明，运用 WSMC 对河北工程大学、北京某高尔夫球场进行节水技术改造，政府这只"看得见的手"没有投入一分钱，项目实施完全按照市场规律来运行解决。用市场这只"看不见的手"实现了三个目标：一是通过建立"募集资本、集成技术、节水改造、长效运行、分享收益"的商业模式，为社会资本投入节水改造提供了有效激励，满足了社会资本的趋利性要求，畅通了节水技术改造的资金渠道，调动了用水户节水技术改造的积极性，从根本上激发了市场节水源动力，为社会资本大规模进入节水改造领域提供了广阔的市场；二是通过 WSCO 搭建的技术服务平台，集成创新先进实用节水技术、产品和工艺，有效解决了节水技术、产品、工艺高度分散与节水技术改造系统性要求的矛盾；三是用经济合同方式解决了运行管理经费，保证了长效节水管理机制真正落地。也就是说，WSMC 完全靠市场从根本上解决了当前节水工作中存在的三大难题，真正实现了完全依靠市场发力来贯彻落实节水优先水利工作方针。

三、WSMC 是实现水资源可持续利用，支撑经济社会可持续发展的重要手段

"可持续发展"是一种新的发展模式，是人类发展模式的一次历史性转变，也是人类生产方式、消费方式乃至思维方式和处世方式的革命性变化，其内涵十分丰富。现代可持续发展是一种从环境和自然资源角度提出的关于人类长期发展的战略和模式。可持续发展追求的是资源环境承载能力相协调的发展，其核心是经济发展应当建立在社会公正、代际公平和环境、生态可持续的前提下，既要满足当代人的需要，又不对后代人满足其需要的能力构成危害。水是生命之源、生产之要，人类一切生产和社会活动都离不开水，一个国家或地区如果水资源短缺，其经济社会发展必将不可持续。所以，为经济社会发展提供水资源支撑是可持续发展的重要基石。水是生态之基，水的质量状况决定了水环境状况。水环境是可持续发展三大评价指标"社会、经济、环境"中最核心的环境要素，水环境状况决定了生态环境的优劣。所以，经济社会要实现可持续发展，水资源作为自然资源的重要组成部分，作为可持续发展的基本资源保证，其自身必先实现可持续利用。换句话说，水资源的可持续利用是决定我国经济社会能否可持续发展的基础和保障。

节水是实现水资源可持续利用的关键措施。水资源作为基本的环境介质，既涉及几乎所有的人类活动，也涉及所有的生态环境。节水并非完全是限制、压缩用水，节水的主要内容是减少对水的不合理使用和浪费，提高用水效率和效益。所以，在保障水资源可持续利用的综合措施中，节水是关键的措施。国家高度重视节水工作，中央把节水工作放在水利工作的优先位置，未来，建设节水型社会，发展节水型经济，建设节水型单位，节水型服务业、节水型工业和农业高效节水灌溉，狠抓水的重复利用和再生利用，努力提高水资源的利用效率和效益必定是水利工作的主旋律。

河北工程大学等试点实践证明，WSMC 对于工业、城市、公共机构和高用水行业的节水改造具有先天的优势，运用 WSMC 动员社会资本投入节水事业，开展全民节水行动，是切实发挥节水工作对水资源可持续利用的支撑作用，促进水资源开发与经济建设、生态环境协调发展，以水资源可持续利用支撑经济社会可持续发展的重要手段。

四、WSMC 是激发市场活力，促进节水服务产业发展，培育经济新增长点的重要载体

激发市场活力，应对我国面临的经济新常态是当前和今后一段时期我国经济工作的主旋律。进入"十三五"发展阶段，国际市场动荡加剧，给世界经济复苏增加了新的不确定因素。我国受到国际市场动荡的影响也在加深，经济运行遇到新的压力。面对扑朔迷离的国际环境和国内深层次矛盾显现的情况，要保持经济社会稳中求进，除了持续推进结构性改革、降准降息、减税降费、稳定市场等一系列定向调控举措以外，转化发展动能，释放市场动力，主动适应经济发展新常态非常重要且非常必要。特别在传统增长动力减弱的情况下，要采取创新投融资方式、加大对传统产业技改投资、推进"互联网＋"、推广节水减污先进技术、产品的应用等改革开放新举措，增加公共产品、公共服务供给，增强经济发展动力，在建设资源节约型和环境友好型社会过程中形成新的增长点，以不断迸发的微观活力支撑宏观经济大局的稳定。

如前所述，节水带有明显的正外部性，也就是说节水是准公共产品，如何引入社会资本进入节水事业，促进节水服务产业发展，关键就是要构建节水的盈利模式，让资本能进来、赚到钱。此前，由于城市水价不到位，居民用水水价、工业用水水价和特殊行业用水水价太低，不能解决（或局部解决）外部效益内在化的问题。所以，长期以来，节水改造一直以政府投资为主，社会资本态度不积极。随着我国实行最严格水资源管理制度、大力推行农业水价综合改革和深化城市水价改革，各地城市水价改革特别是居民用水、工业用水和特殊行业用水水价改革进展很快，节水的外部效益内在化取得了很重要的进展，为社会资本进入节水技术改造领域提供了重要的外部环境。但由于节水改造投资通常较大，回收期长，如果没有合适的盈利模式，不能从根本上保证社会资本盈利性要求，市场活力仍然不能得到有效激发。

运用 WSMC 对高校和高尔夫球场进行节水技术改造、对河道水环境进行治理修复、对水库水污染进行治理等项目一经面世就受到社会资本、用水户和 WSCO 的认可，受到银行金融机构、互联网金融的追捧。试点实践表明，WSMC 是一个能实现多方共赢的商业模式和投资模式，填补了社会资本投资节水缺少盈利模式的空白，为社会资本进入节水、治污和环境修复领域，激发市场动力和活力开辟了一条阳光大道。试点实践证明，有了 WSMC 投资模式，规模巨大的节水、水污染治理和水环境修复市场将催生出一大批以提供节水服务为主营业务的 WSCO，市场经济发展的历史和实践表明，市场主体数量越多，产业结构越合理，企业作用发挥越充分，市场就会越活跃，发展动力就会越强劲。所以，随着 WSMC 的进一步推行，社会资本将大规模进入节水领域，大量的 WSCO 将应运而生，我国的节水服务产业将得到快速发展。

五、WSMC 是推广运用先进节水技术、产品的重要渠道

由于特殊的地理和气候条件，我国水问题十分复杂，十分突出，随着全球气候变化的影响，未来在有些方面还将更加复杂。如前所分析，解决中国水问题必须靠节水。而节水工作最大瓶颈就是节水技术和产品的推广运用，把分散在千家万户科研单位和企业手中的先进实用节水技术和产品一个一个推广出去、运用起来是节水的重要工作内容。当前，节水技术科研和应用脱节，先进的节水技术成果转化率偏低，"重研究、轻应用，重成果、轻推广"的观念仍然不同程度存在。当然，不少先进实用节水技术和新产品由于没有相应的规范、规程，导致设计、施工及管理单位对其可靠性、成熟性还存在种种顾虑，影响了节水技术的转化与节水新产品的推广也是其中一个重要的原因。此外，由于节水带有明显的公益性，节水产生的外部社会效益、环境效益无法计量，在相关优惠政策到位之前，仅仅依赖于政府主导的推介会、交流会、推广证书、推广交流平台、示范基地建设、推广技能教育、推广业务培训等传统的推广手段效果并不好。目前，先进实用节水技术产品的推广运用与解决水问题的现实需求差距太大。究其原因，在于缺乏一个集成创新、转化运用的体制机制和适应于市场经济环境的推广模式。据初步统计分析，目前我国水利科技成果转化率约为 20％～30％，仍然处于一个较低水

平，不仅低于国内其他行业水平，也远远低于发达国家水平。成果转化周期长，一般技术从成果鉴定到应用于水利建设管理实际需要 1～2 年，一些基础性、共性、大型集成关键技术的推广转化需要 3～5 年。多年形成的创新成果大量处于"科研成果"阶段，没有得到推广转化，没有应用到水利生产实际之中，大约有 70％左右的科技成果还未能发挥应有的作用，造成经济浪费、资源浪费和人才浪费。

试点实践表明，WSMC 通过有目的的技术集成创新和可靠的盈利模式可以有效促进节水新技术和新产品的推广应用。

在河北工程大学的节水技术改造中，国泰节水公司共集聚 17 项节水技术和产品，安装节水龙头、节水阀、节水便槽等节水设备 14000 余只。新建节水监管平台系统，加装智能远传水表和自动控制阀门，改造升级了节水监控软件，建立了用水系统实时监控和统计分析自动生成系统，实现了对供水、水耗 24h 实时动态监测和用水智能管理。在对北京某高尔夫球场进行节水技术改造中，国泰节水公司共集聚 11 项节水技术和产品。在运用 WSMC 对天津护仓河与四川崇州向阳水库进行水污染治理过程中，国泰节水公司集成运用了 3 项水污染治理技术。

实践证明，WSMC 通过 WSCO 的技术集成创新平台，有效地集成了社会上先进节水技术，开辟了推广节水技术的市场化路径，在节水技术企业和节水改造市场之间搭起了一座桥梁，为节水技术企业不断加大节水技术的研发投入提供了有效激励，实现了先进实用节水技术转化为节水生产力的良性循环。

六、WSMC 是治理水污染、修复水环境的重要工具

由于水污染特别是工业污染使大量的水资源基本丧失了利用价值，制约了经济的发展，同时也影响到人们的健康乃至生存。我国是一个资源相对稀缺、生态环境承载能力相对薄弱的国家。几十年来，我国在推动经济社会快速发展的同时对资源环境问题重视不够，水污染和水环境蜕化已经成为制约我国全面建设小康社会的瓶颈。解决中国的水污染水环境问题迫在眉睫，近日，国务院颁布《水污染防治行动计划》，党中

央在《中共中央关于制定国民经济和社会发展第十三个五年规划的建议》中将解决水污染问题作为未来五年的重要工作提出明确要求，加以安排部署。运用WSMC对天津护仓河和四川向阳水库的水污染治理和水环境修复实践表明，WSMC可以在集成治水技术，治理水污染，修复水环境中发挥重要作用。水污染、水环境现状与生态文明建设之间的差距使WSMC存在巨大发展空间，为运用WSMC改善水污染、遏制水环境蜕化创造了巨大的市场机会。

第二节　推行 WSMC 存在的问题

WSMC是个新鲜事物，从提出概念到试点实践再到写进《中共中央关于制定国民经济和社会发展第十三个五年规划的建议》作为国家战略总共用了1年半左右的时间，尽管在搜集典型案例、试点实践探索等下了很大工夫，但节水改造的实践和案例毕竟还不够多，期间，水利部综合事业局集中调研了广州等地类似于WSMC的节水技术改造项目，这些项目为国泰节水公司正式实施WSMC提供了很好的借鉴。总结调研中的案例和国泰节水公司实施WSMC项目的经验教训，要全面推广WSMC、促进节水服务产业发展首先必须解决以下几个重要问题：

一、关于 WSMC 实施主体的问题

WSCO是WSMC实施主体，也是构建节水服务产业链的链核，是促进节水服务产业发展的中坚力量。在试点过程中，我们深刻体会到，要推动节水产业发展，必须解决WSCO两个方面的问题：一是WSCO必须具备一定的基础条件。WSMC与合同能源管理最大的不同在于节能服务公司（ESCO）往往拥有某一项技术就可能从事合同能源管理服务，而WSCO则不同，任何一个较大的节水技术改造项目都是系统工程，均需集成若干节水技术、产品才能进行系统的节水技术改造，实现节水效益，这就要求WSCO在资产、资金和核心技术上必须具有相对优势，只有这样才能在节水技术集成创新、社会资本募集、项目节水改

造、建设运营成本等方面更好地支撑 WSMC 推广运用，更好地促进节水服务产业发展。二是必须尽快培育一批 WSCO。由于 WSMC 面世不久，国家的鼓励政策正在制定过程中，目前的节水市场零散分布着许多拥有单项节水技术、产品或工艺的节水企业，但鲜有上规模、有实力、以提供节水技术服务为主营业务的 WSCO，节水服务产业是个市场容量巨大的新兴产业，没有一批具有节水核心技术和一定资本规模的 WSCO，广泛运用 WSMC 开展节水技术改造，是不可能满足节水改造市场需要的，所以必须下大力气培育 WSCO，积极运用 WSMC，才能推动节水服务产业发展。

二、关于 WSMC 项目的融资问题

WSMC 一个显著的特点是 WSCO 募集社会资本，一次性投入，分期收回。这种投资模式需要庞大的资金支持，即使 WSCO 资金规模很大也不可能完全依靠自有资金运用 WSMC 开展节水技术改造。国泰节水公司注册资本 1 亿元，像这类轻资产的技术服务公司能有这种实收资本的规模应该不算太小，但是，如果完全依靠自有资金运作节水技术改造项目，国泰节水公司也只能对 8 个类似于河北工程大学这样的高校开展 WSMC。对于庞大的节水市场，自有资金只是杯水车薪。因此，要推行 WSMC，促进节水服务产业发展，必须解决 WSMC 项目的融资问题。

三、关于 WSMC 项目的风险问题

WSMC 最大的特点是用水户开展节水技术改造零风险、净收益。而事实上，任何技术改造项目都有风险，节水技术改造项目也不例外，只不过 WSMC 将用水户的风险全部转移给 WSCO，最终结果是用水户自身零风险，WSCO 高风险。从有限的几个 WSMC 项目和 EPC 多年的项目实施过程中归纳总结，可以看到节水技术改造的风险主要体现在以下四个方面：一是技术集成创新风险。河北工程大学节水技术改造中，由于公寓楼上下水管网老旧程度不尽相同，个别管网不适应新的节水器

具，导致冲洗不干净，最终有一部分器具和管网重新改造，增加了不少改造成本。如果控制不好，会增加投资成本，延长投资回收期。二是节水效益分享风险。国泰节水公司实施的 WSMC 项目由于前期工作论证比较充分，目前并没有出现此类风险。但任何节水技术改造项目都有风险，节水效益分享本质上是商务风险，随着 WSMC 项目数量增多，出现节水效益分享风险的可能性是存在的。三是节水改造施工过程安全生产风险。环境安全和生产安全是节水技术改造施工中会出现的典型安全问题，一般情况下通过有效的安全管理是可以避免的，特别是公共机构如高校的 WSMC 项目，由于学生众多、流动性强，且节水改造后的主要用户也是学生，一旦出现使用安全问题会造成较大的不稳定因素。四是财务风险。WSCO 要运作很多 WSMC 项目，理论上每一个 WSMC 项目都是一次投入，分期收回，如果项目规划、融资计划、预算执行、施工组织、安全生产、效益分享和财务管理任何一个环节出现问题都有可能引起财务风险。如何规避控制财务风险是任何一个 WSCO 必须面对的挑战。

四、关于推行 WSMC 外部环境问题

如前所述，WSMC 是新鲜事物，回顾总结从调研到试点实践全过程可以发现，当前的政府引导、政策支持、金融支持、倒逼机制、制度标准、规范规程、舆论宣传等急需完善、亟待加强。一是缺乏产业政策引导。十八届五中全会《关于国民经济和社会发展第十三个五年发展规划纲要的建议》发出"推行合同节水管理"号召，这是从中央最高层发出的号召，但如何落地则需要从国家层面出台一个综合性文件，全面部署推行合同节水管理的相关工作。二是缺乏相关的配套（支持）政策，如财政、税收、融资、会计核算等方面的制度安排。三是激励、约束机制不完善，节水倒逼机制和激励机制尚未形成。这里面涉及水价改革、水权初始分配、取水许可、用水监管、定额标准、节水考核机制和节水奖励等一系列能够激发用水户节水源动力的制度安排。制度经济学有一句经典的话："制度只有在监督到位的情况下才是有效的"。应该说，目

前节水倒逼机制总体框架基本形成，关键在于监督落实到位。四是WSMC 制度、标准体系不健全，缺乏相关技术规范和标准，尤其是WSMC 市场准入（如节水企业必须具备什么样的条件才可成为 WSCO 参与 WSMC 等）和用水效率（节水量）评估等基础标准缺失已经成为推行 WSMC 的瓶颈。

第六章　需要着重解决的
重大理论和实践问题

WSMC 在我国是新事物，推行 WSMC、促进节水服务产业发展是国家战略，根据对试点经验的总结、启示和对当前发展节水服务产业存在问题的研究，要真正把好事办好，首先必须解决节水技术支撑、WSCO 融资能力不足、互联网与节水服务产业发展的结合问题。

第一节　节水技术集成创新平台建设

随着我国水资源、水环境问题不断演化，节水技术改造面临的综合性、系统性和复杂性日益突出，依靠 WSCO 自身的技术力量来解决 WSMC 项目实施过程中的技术问题越来越困难。因此，要依托节水服务产业链，整合节水服务系统的内外部力量和创新资源，加快节水技术集成创新，实现优势互补、成果共享共用。

一、技术集成创新理论

技术创新可分为原始性创新、模仿创新及集成创新三种创新方式，又可分为内部化创新和外部化创新两类，前者是通过自身的研究开发活动以获取所需的技术知识，后者是通过技术学习活动获得对自己有用的技术知识。显然，原始性技术创新方式是典型的内部化创新，而模仿创新与集成创新则属于外部化创新。集成创新是 WSMC 节水技术集成创新的基础，只有对集成创新进行系统研究，才能更好地了解节水技术集成创新的本质内涵。

集成就是集大成，就是将某类事物中各个好的、精华的部分集中、组合在一起，达到整体最佳的效果。国内学者提出，根据管理学的基本原理，集成是指一种特殊而充满创造性的融合，即创造性思维指导各因子的聚合过程。

所谓的技术集成就是更有效率地调用一切可以利用的资源来解决问题。国外学者 Marco Lansiti 认为："通过组织过程把好的资源、工具和解决问题的方法进行应用称为技术集成"。技术集成可以使企业的管理更加有效，能够更好地应对各种风险和技术变化。企业在生产过程中，会碰到许多需要应用各种技术去解决的问题，而技术集成就是将这些技术进行评估、加工和优化的循环过程，在这个过程中不断会有问题被发现，然后被解决，在解决问题的过程中，还会不断发现新的问题，如此循环反复。所以，技术集成的过程本身也是创新的过程。目前，许多学者都认为技术集成是集成创新的先驱。

所谓的集成创新就是生产组织以企业和社会的需求为先导，有组织地把系统内与系统外不同主体的各种有益的资源结合在一起（如技术、知识、信息等），使得创新组织可以以倍数甚至几何级地提高原有的劳动生产率，这一组合资源的过程可以认为是集成创新（Nancy，1998）。

技术集成创新通常有以下三种模式：

第一，传统型技术集成创新模式。传统型技术集成创新模式也可以称为标准型技术集成创新模式，主要是在企业现有技术创新的基础上进行集成、加工、维持和拓展，而不是创造新技术，相对于突破型技术集成创新模式来说，更简单易行，更容易节约企业成本，企业所面临的风险也相对较小，所以是一种比较稳妥的技术集成创新模式。

第二，突破型技术集成创新模式。突破型技术集成创新模式重在突破，即企业突破传统的技术范畴，创造新技术，走出不同寻常的道路，在这个过程中进行一系列的技术集成创新行为。

第三，跳跃型技术集成创新模式。跳跃型技术集成创新模式下的企业跳离之前的技术路线，发展新的技术路线。这是因为企业对于现存技术的完善和探究，虽然可以减少企业所承担的风险和研发资本，但如果长期依赖于现存的技术，企业将会失去生命力。因此，企业在采用传统型技术集成创新模式时，也应适度采用跳跃型的技术集成创新模式，以激励企业创新技术，这也是跳跃型技术集成创新模式产生的主要原因。

以技术链观点分析，集成创新也可分为四种模式，即产品体系重构、技术植入、技术总成和技术体系重构，其中技术总成模式是技术链上各种技术的综合，包括设计施工、设备制造、检测安装、管理运营等，是整个产业链技术的集成。技术总成模式的特点在于集成多种分散的单项技术但又没有改变这个产品的设计体系。相对于 WSMC 项目所需要的节水改造涉及多学科、多部门复杂性、系统性的技术要求，技术总成模式对节水技术集成创新有很重要的借鉴意义。

二、节水技术集成创新及主要任务

（一）节水技术

节水技术一般分为农业节水技术、工业节水技术、城市生活节水技术、非常规水源开发利用技术等四类。农业节水技术主要包括高效输配水技术、渠道防渗技术、管道输水技术、地面灌水技术、喷灌技术、微灌技术及非充分灌溉技术等以提高输水效率和灌溉效率的技术体系等；工业节水技术主要包括循环用水技术，废水回用技术及"零排放"技术、高效换热技术以及高耗水行业节水工艺；城市生活节水技术主要包括节水型用水器具、再生水利用技术及中水回用技术等，其中节水型用水器具主要包括节水型水龙头、节水型便器系统及节水型淋浴设施等；非常规水源开发利用技术包括中水处理回用技术、雨水集蓄利用技术、海水淡化综合利用技术等。

（二）节水技术集成创新

所谓的节水技术集成创新就是创新行为主体以提高水资源利用效率和效益为核心，以节水改造市场为导向，围绕节水核心技术的研发、推广而采用系统工程的理论与方法，聚合先进实用技术的突出优点，优化、整合、搭配创新要素，以最合理的结构形式集成技术有机体的过程。根据节水技术作用方式的不同，也可以将节水技术集成创新分为直接节水技术集成创新和间接节水技术集成创新，前者主要是指能直接减少水资源损失的各项技术集成创新，后者主要是指能通过水资源的循环利用来节约水资源的各项技术集成创新。

节水技术集成创新不是将现有节水技术简单地连入、堆积、混合、叠加、汇聚、捆绑和包装，而是将各种技术要素通过创造性地融合与互补匹配，提升节水技术系统的整体功能，形成独特的创新能力和竞争优势。推动节水服务整体功能发生质的跃变的一种自主创新过程。根据劳斯韦尔"五代"创新理论，[1] 从节水技术发展现状和当代科技革命的大背景看，节水技术集成创新正处于特殊的发展阶段，即以市场需求拉动为导向、与系统化网络化集成创新为手段的跨代融合发展阶段。

（三）节水技术集成创新的主要任务

从我国政府的总体规划看，未来一个时期节水技术集成创新的重点领域是《国家中长期科学和技术发展规划纲要（2006—2020 年)》确定的 3 个优先主题和若干个主要技术方向：一是水资源优化配置与综合开发利用，主要包含研究开发大气水、地表水、土壤水和地下水的转化机制和优化配置技术，污水、雨洪资源化利用技术，人工增雨技术，长江、黄河等重大江河综合治理及南水北调等跨流域重大水利工程治理开发的关键技术；二是综合节水，主要包含研究开发工业用水循环利用技术和节水型生产工艺、开发灌溉节水、旱作节水与生物节水综合配套技术、精量灌溉技术、智能化农业用水管理技术及设备、生活节水技术及器具开发；三是海水淡化，主要包括研究开发海水预处理技术，核能耦合和电水联产热法、膜法低成本淡化技术及关键材料、浓盐水综合利用技术，可规模化应用的海水淡化热能设备，海水淡化装备和多联体耦合关键设备，海水直接利用技术和海水化学资源综合利用技术。

当前，节水技术集成创新有两个方面的任务：一是围绕满足

---

❶　劳斯韦尔研究认为：世界范围的技术创新模式已经经历了五代：第一代是技术推动型；第二代是市场需求拉动型；第三代是技术推动与市场需求拉动耦合型；第四代是研发、制造、营销平行交叉型；第五代是系统一体化与扩展网络创新型。

WSMC 项目节水技术改造所需的先进实用节水技术开展不同行业、不同类型、不同环境条件下的节水技术总成研究与运用；二是围绕《国家中长期科学和技术发展规划纲要（2006—2020 年）》确定的 3 个优先主题和若干个主要技术方向开展重大节水技术集成攻关。

三、节水技术集成创新平台

与合同能源管理相比，运用 WSMC 开展节水技术改造所涉及的技术集成难度要大得多。特别是运用 WSMC 模式治理水污染、修复水环境时，由于受污染的水体、功能退化的水环境情况千差万别，采用单一的治理技术、传统的治理工艺、线性的治理思维难于有效解决问题。因此，需要及时、有针对性地提出技术集成和创新性的治理方案。推行 WSMC 迫切需要解决的问题就是为节水技术改造搭建一个节水技术集成运用创新平台，为 WSMC 提供技术支撑。

"平台"来源于英语"platform"，原本是计算机技术术语，指的是基本软硬件的集合，如个人电脑中的 windows 操作系统就是操作平台。在生产和施工过程中，为了操作方便也往往设置工作平台。"平台"一般包含三层意思：一是具有基础性技术支撑体系；二是各种相关软硬件的集合；三是综合性的网络体系。

所谓的节水技术集成创新平台是一个多层次、开放的、相互配套的市场化、网络化支撑系统。它是为 WSMC 项目技术改造提供节水技术研发集成、节水科技成果推广、节水技术交易、节水专业人才交流、节水管理咨询和节水信息传递等方面服务的支撑系统。平台的主要功能有三个：一是为节水技术集成创新提供服务，保证利用创新资源，促进创新活动顺利进行；二是确保分散在各个技术创新主体的技术积累能够重新进行整合和集成，形成适合于 WSMC 项目节水技术改造的系统节水技术；三是具有转化应用的可靠（市场）渠道，确保集成后的系统节水技术顺利运用于 WSMC 项目的技术改造。

节水技术改造是个系统性工程，涉及方方面面的节水技术、节水产品、节水工艺的集成应用。所以，节水技术集成创新是一项复杂而又庞大的系统工程。从满足我国节水服务产业发展的技术需求上看，节水技术集成创新平台建设应该分为国家层面、产业层面及企业层面的平台建设。

国家层面的节水技术创新平台是由水利部、科技部、环保部和住建部等政府行政主管部门主导建立的节水技术资源配置的体系，这是国家创新体系的重要组成部分。相关政府部门应该利用其行政优势和行政资源，围绕提高整个国家节水科技水平的发展，组织全国力量对节水重大科技项目及基础理论进行研究和攻关，对全国的节水技术科技数据、文献、科技人才进行统一调配，统一部署，建立国家级节水技术池。这是支持水资源可持续利用、保证国家水安全技术支撑保障体系的重要组成部分。具体可以借助互联网搭建开放、共享、共用、免费的节水技术平台。

产业层面的节水技术集成创新平台是由节水服务产业联合组织（协会）或节水技术创新联盟牵头，集聚全行业创新资源的技术创新支撑体系。主要是服务于节水服务产业发展，具有分享创新资源、整体性、集成性等特征。产业层面的平台主要包括三方面内容：一是物质与信息保障系统；二是以共享机制为核心的制度体系；三是节水及相关专业的技术人才队伍（含虚拟科研团队）。产业层面的节水技术集成创新平台主要是以节水服务产业共性的或单项技术的研究开发、集成运用为主攻方向，为推动节水服务产业、节水相关产业群发展的节水技术创新活动提供有效、高质、公平的节水技术服务。其侧重点是满足节水服务产业发展的重大战略需求、覆盖全产业链的节水技术服务、促进节水服务产业群发展的节水技术集成创新平台组织。产业层面创新平台的节水技术可从历年来经水利部门、住建部门、环保部门组织鉴定过的节水、水污染管理、水环境修复的技术、产品和工艺，获得国家专利权的节水、水污染管理、水环境修复的技术、产品和工艺，分散在全国节水技术企业、科研院所、高等院校、国家重点实验室等机构手中的节水、水污染管理、水环境修复的技术、产品和工艺等获得，经过平台集成创新后作为节水服务产业发展的共享技术提供给产业内所有 WSCO。

所谓企业层面的节水技术创新集成平台是指 WSCO 为解决 WSMC 项目节水改造中出现的技术问题，采用技术总成的集成创新模式，将分散在其他创新主体（科研院所、大专院校、相关核心技术企业）手中的先进实用节水技术系统运用于 WSMC 项目的节水技术改造，实现节水技术、产品拥有者之间互通有无、相互交流，使资金、信息、人才、技术等创新因素自由流动以达到共赢的目的而建立的新型集成创新组织。企业层面的节水技术集成创新平台是我国节水技术集成创新体系中的基础，是三个层面创新平台的核心，是以节水技术总成为主要创新模式，兼具应用性、开放式、要素整合特征的节水技术创新资源集成体和工作平台。

四、WSCO 节水技术集成创新平台构建思路

如前所述，WSCO 节水技术集成创新是国家节水技术创新体系的核心环节，也是推行 WSMC、促进我国节水服务产业发展最重要的支撑。

（一）构建 WSCO 节水技术集成创新平台的基本要求

从组织学的角度看，良好的组织模式可以通过优化配置创新资源，使技术集成团队与其他部门密切配合，使技术集成更有效率。所以，WSCO 选择平台的组织模式至关重要：一是要注重平台的组织结构。节水技术集成创新是一项系统工程，WSMC 节水技术改造面临的外部环境复杂多变，传统的产品开发组织结构（研究团队—开发团队）已经与节水技术集成模式不太协调，必须变革组织结构，选择有效的、更适应节水技术集成创新的组织结构（研究团队—集成创新团队—开发团队）以提高节水技术集成效率，满足 WSMC 项目的各种节水技术需求。二是要注重组织模式的柔性。柔性是指一个系统或组织面对外部刺激（环境变化、市场机会）迅速做出反应并采取相应措施的适应性能力。组织模式的柔性体现在开放性、相互依赖和主动而敏捷的快速反馈。对于 WSCO 创新平台来说，其柔性就体现在对不同的 WSMC 项目的不同技术要求能够迅速做出反应，采取有效的技术措施。三是形成创新平台

的自学习组织文化。自学习特性使集成创新组织拥有终身学习的理念和机制、多元回馈和开放的学习系统、共享与互动的组织氛围。有了自学习的组织文化，技术集成团队中的成员会主动地利用学习机制，不断思考创新，通过学习增进成员间的相互沟通、理解、支持和合作，并使个人行为服从组织行为，提高创新的效率，使组织更好地适应节水技术集成创新的复杂性环境，提高组织解决 WSMC 技术改造中出现的复杂技术问题的能力。

（二）WSCO 节水技术集成创新平台的组织模式

一般来讲，WSCO 的节水技术集成创新平台可由技术集成创新团队、两个子平台和两种运行模式构成。

（1）技术集成创新团队主要任务和人员配备。技术集成团队是主导技术集成创新全过程的组织，其主要任务有三个：一是参与创造、提出解决 WSMC 技术问题的集成概念和设计思路；二是深入技术改造施工实际中指导解决 WSMC 节水改造全部技术问题；三是协调与生产者、供应商、销售部门、质量部门等的关系，保证 WSMC 项目所需的节水技术和产品供应顺畅有力。

由于技术集成团队所具有的职责，WSCO 要给技术集成团队配备相应的资源，使其能够准确地测试和判断各种节水技术和产品，快速找到有效的解决思路和技术选择。在整个 WSMC 技术改造过程中，技术集成团队不具体参与施工，但技术集成团队通常居主导地位，领导解决 WSMC 节水技术改造全过程。由于技术集成团队的特殊功能要求，通常需要配备相关专业的精干人才：一是技术集成项目经理，主要负责组织集成小组成员完成特定的节水技术集成项目，技术集成项目经理需要具有管理相关知识，有较强的组织管理能力。二是研究开发人员，要具有很强的与 WSCO 主导业务相关的节水技术知识，可以解决技术集成过程中的技术问题，便于与节水技术和产品供应商的技术研发人员沟通协调。三是产品测试技术人员，主要是对供应商提供的节水技术产品进行快速检查检测，指出对该类产品进行技术集成的优缺点和注意事项。由于 WSMC 主要是采用技术总成的创新模式，每一个项目都需要将大量的节水技术和产品集成运用在一起，所以产品测试技术人员解决WSMC项目技术问题具有重要的意义。四是技术服务人员，建立节水长效运行管理机制是WSMC的重要功能，WSMC项目节水改造后通常都有一个很长的运行管理期限，保持节水技术改造设施在运行管理期限内稳定获得节水效果是WSCO最终收回投资、取得投资收益的根本保障，所以，与其他企业的售后服务相比，WSCO要有更高的要求。由于技术集成团队在整个WSMC中对技术路线、技术集成最为了解，对于相关的节水器具和技术的性能了解最为透彻，所以在运行维护期，由技术集成创新团队提供必要的技术指导可以收到很好的效果。

（2）WSCO的节水技术集成创新平台的两个子平台：一是先进实用节水产品平台。节水产品平台是先进实用节水产品的大集合，这些产品共享一个集成平台，具有不同的性能与特征，可以通过技术集成的创新方式满足不同的WSMC项目对节水技术的需求。二是核心节水技术平台。通常，拥有核心技术的企业也是构造节水技术集成创新平台的WSCO。核心节水技术具有复制和迁移特性，通常可以通过不同组合不断创新，支撑和满足WSMC节水改造的技术需求。

（3）节水技术集成创新平台的两种模式。按照实际运行情况，节水技术集成创新平台可分为虚拟平台、实体平台两种模式。所谓的虚拟平台是指平台没有具体的组织形式，平台参与者保留原单位相应的机构和特点，以科研课题、科研任务、关键技术问题为桥梁，根据WSMC项目的技术需求，对各种技术资源进行集成创新（技术总成）的一种没有固定组织层次、固定人员的新型动态网络组织。虚拟平台通常采用合作/委托开发、共担课题或根据特定的WSMC项目技术需求组建虚拟科研团队（虚拟工作组）的方式开展工作。所谓的实体平台是指完全按照普通企业运作管理流程形成的具有固定组织形式、固定工作人员、从属于某一个特定企业或组织的运行模式。实体平台主要依托城建（工民建或给排水等）设计院、设计（技术咨询）公司或创新基地（通常指WSCO与大学或研究机构共同建立的技术创新基地，这种形式一般由企业提供资金或设备，大学或研究机构提供场地和研究人员）开展工作。

（三）WSCO 的节水技术集成创新平台重点任务

近期，WSCO 的节水技术集成创新平台主要为 WSMC 项目提供技术支撑，所以，必须坚持自主创新、需求导向、实用为主，除了要满足众多的 WSMC 项目的不同技术需求以外，还要集中精干力量重点突出对以下领域的集成创新并努力实现关键技术的突破：一是在农业节水技术集成创新领域。要围绕提高灌溉用水的输水效率和用水效率，重点在沥青混凝土防渗技术、膨胀混凝土防渗技术、玻璃纤维混凝土防渗技术及塑料薄膜防渗技术等渠道防渗综合技术方面进行技术集成创新工作。有条件的 WSCO 要结合计算机模拟技术、自控技术和先进的 3D 制造成模工艺技术等集成开发高水力性能的喷灌、微灌等新型灌溉技术和产品，逐步淘汰漫灌方式，以提高灌溉用水效率。二是在工业节水技术集成创新领域。要围绕工业节水进行技术集成创新，突出集成已有的重复用水技术、冷却技术、高效换热技术、"零排放"技术的关键技术盐水浓缩技术和工艺节水技术创新。三是在城市生活节水和非常规水源技术集成创新领域。要围绕新型节水型用水器具的应用和推广开展技术集成创新。非常规水源开发利用的综合技术有水质安全保障技术、雨水利用的相关技术和设备等。

五、WSCO 节水技术集成创新基本流程

技术集成创新流程通常有六个环节或阶段。可根据 WSCO 的具体情况、每项节水集成创新任务的规模与复杂性、拥有核心技术的企业与平台之间的关系等进行简化与取舍。

（一）节水技术概念构建

节水技术集成创新的任务通常来自于 WSMC 项目。按照 WSMC 的功能和重点适用范围，大体上可分为三大类技术：一是城市节水改造类，如公共机构节水改造、高用水服务业节水改造、高耗水工业企业节水改造；二是公共水域水污染治理、水环境修复；三是农业高效节水灌

溉。WSCO 节水技术集成创新的技术任务也围绕这三部分开展。在技术概念构建阶段，主要任务是提出问题、厘清边界、形成概念。通常要围绕节水技术、产品的概念构建，着重回答需要解决的节水技术问题是什么。

（二）节水技术分解

节水技术概念构建后，技术集成创新团队要对 WSMC 项目节水技术改造过程中使用的各项技术（包括管理技术、节水技术、节水产品、节水工艺等）进行识别与分解，明确哪些是 WSCO 自身拥有的技术、产品，哪些是市场上已有的产品、设备和工艺，哪些是需要在技术集成过程中创新出来的新技术、新产品和新工艺等。这些技术之间存在什么联结关系，在本次技术集成创新出来的新技术中有哪些可以依靠 WSCO 内部的研发机构实现，哪些需要和外部单位合作或者直接从外部引进等。理论上讲，技术集成主要是依靠现有技术或外部购买产品、获取技术，不需要经过大量的从基础理论到应用开发的研究过程。但是，如果对各项技术没有透彻的了解和分析，对拟进行的节水技术改造系统没有整体切实的把握，技术集成创新不可能获得成功。

（三）节水技术产品选择

技术集成的要义在于两个方面：一是对现有各种可选的技术（产品）进行评估并选择；二是通过技术安排使这些先进实用的成熟技术、产品、工艺之间和新旧技术、产品、工艺之间进行最大限度地融合应用。所以，节水技术、产品的选择是关系技术集成能否成功实现的基础。节水技术、产品的选择可以来自 WSCO 内部研究成果，也可以来自外部市场的其他创新主体。通常情况下，节水技术、产品、工艺的选择需要坚持四个原则：一是节水技术的先进性，即要求所选择的节水技术水平应当是本行业领先、高于本企业现有的技术水平，并有较长的寿命周期和较广泛的应用前景；二是节水技术的适用性，拟选择应用的节水技术、工艺和产品要与 WSMC 节水改造相适应，能满足预期的节水效益，如果是工艺节水为主的 WSMC 项目，应注意全面分析拟选择的新技术与被改造生产系统的适用性，避免出现新工艺、新技术与原有技术系统的冲突；三是节水技术可靠性，即所选择的节水新技术、新产品的生产工艺、产品质量是可靠的，经工业生产和市场应用验证是行之有效的、可以推广应用的节水技术；四是节水技术的经济性，WSMC 项目技术改造资金先期主要由 WSCO 投入，且只有通过分享节水效益来回收，一个成功的 WSMC 项目除了按预定目标获得节水效益之外，控制节水技术改造成本至关重要。因此，前期控制好节水技术产品选择的经济性可以实现以最小的投入成本获得最大的节水效益。所以，要对拟选择的技术、产品、工艺的应用成本进行综合评估，以获得最佳的投入产出比。

（四）节水技术引进

大家知道，节水技术集成创新所需的技术通常来自于 WSCO 内部研发和外部引进。理论上讲，来自于 WSCO 内部的技术源是技术集成创新的核心也是技术导入、吸收、消化的基础。但是，随着市场竞争日趋激烈，技术产品的生命周期不断缩短，企业再也无法像以前那样致力于所需要的全部技术知识的探索。单纯依靠 WSCO 内部力量进行研发很难解决 WSMC 项目节水改造的技术需求。所以，节水技术集成的一个重要内容就是技术引进，即引入新的节水技术或工艺、引入并采用新的管理方法与组织形式、引入新的节水产品和供应商等。在这里，所谓的引进通常是指两种手段：一是采用技术购买方式通过市场获得所需的节水技术，如专利、图纸和成套设备等；二是通过组建技术联盟引进人才共同解决技术问题（集成创新）。对于成立初期的 WSCO 而言，这是一种以不同创新主体之间的创新资源和技术能力互补为前提，以参与者共担风险、共享成果为基础的有效的引进模式。

（五）节水技术消化吸收

引入先进实用节水技术的目的是通过节水技术集成运用获得整体节水效果，而非引进技术本身。所以，对引进的节水技术进行消化吸收是增加 WSCO 核心竞争力的有效手段。由于在节水技术集成创新过程中选择的技术、工艺多种多样，不同类型的技术、工艺、设备消化吸收的重点不同，如引进的是设备，则消化的主要是技能和工艺知识等。节水技术的消化吸收是一个不断摸索的过程，发现问题、提出方案、修正研究、解决问题，到再发现问题，循环往复，直到成功。

（六）节水技术集成创造

经过前面多个环节的系统梳理和集成创新，一个项目的技术总成即将诞生并运用于 WSMC 技术改造，从技术集成的流程分析，进入技术集成创造阶段已经是节水技术集成创新的收官阶段。对于 WSCO 来讲，技术集成解决了 WSMC 项目节水技术改造中的系统性技术需求，阶段性目标已经得到解决。剩下的只是应用实施和效果反馈。此时 WSCO 要牢记，节水技术集成的终极目标是通过对各项节水技术的吸收、改进、系统整合，来提高 WSCO 技术总成能力，实现节水技术能力的跨越和核心竞争力快速增长，这个目标的实现还需要进行多次反复才能真正实现。

第二节　创新增强 WSCO 融资能力

节水是减少排污、保护水生态、水环境的重要手段。资本是节水服务产业发展的血液，金融则是资本配置的核心。运用 WSMC 实现节水减污、治理水污染、保护水环境、建立良好的水生态系统，金融是关键。

如前所述，WSMC 最大的特点是一次性投入、分期回收、投资额大、回收期长，每一个技术改造项目所需的资金主要由 WSCO 事先投入，如果没有良好的融资能力，WSCO 会因为资金链断裂而无法正常运行。在目前的条件下，WSCO 解决项目资金的主渠道仍然是商业银行提供贷款，但由于 WSCO 是服务性企业，很少有机器、设备、厂房和土地等固定资产可以抵押，加之 WSMC 刚刚面世，银行对其缺乏足够的了解，出于对贷款回收安全性的考虑，在相当长的一段时间内对 WSMC 项目的资金需求会持高度谨慎的态度。

所以，解决 WSMC 项目融资的关键是金融创新。只有不断地创新适合 WSMC 项目融资的金融品种，才能解决节水服务产业发展巨大的资金需求。

从 WSCO 的角度看，解决节水技术改造资金的渠道只有三条：一是自有资金；二是直接融资；三是间接融资。从国家的角度出发，解决 WSMC 融资问题的思路主要有三个方面：一是政府出台金融支持政策，引导金融企业加大传统金融业务对 WSMC 项目融资支持，同时积极发挥政府有限资本的导向作用，做到"有所为、有所不为"；二是创新金融业务开辟资金支持新渠道；三是创新现代金融工具加大对 WSMC 的金融支持。有关国家层面出台相关政策的建议在第七章有专门论述，本章仅从 WSCO 的角度讨论增强融资能力的问题，具体如下：

一、大胆运用政策性银行贷款

政策性银行是为贯彻国家政策而提供资金支持的特殊银行。政策性银行的政策性贷款与国家经济政策高度相关，针对性强，期限比一般商业贷款长。我国的政策性银行主要有中国农业发展银行、国家开发银行和中国进出口银行三家。按照分工，中国农业发展银行主要为"三农"发展提供政策性贷款，如为水利基础设施建设，农村基础设施建设，农副产品、经济作物产品生产，为粮食、食用油、棉花等提供信贷业务；中国进出口银行主要为国家工业建设急需的机器设备器材等的进出口提供信贷服务；国家开发银行主要从整个国家宏观发展与战略发展角度，为大项目提供政策性贷款。就目前而言，我国可能给 WSMC 项目提供资金支持的政策性银行只有国家开发银行和农业发展银行。所以，规模较大的 WSMC 项目融资可以向这两家政策性银行争取贷款。目前，国家正在制定有关政策，启动政策性银行为 WSMC 项目提供政策性贷款，扶持 WSCO 的发展。就 WSCO 自身来讲，要运用好政策性贷款，需要解决三个问题：一是要从思想上克服恐惧心理，认为政策性贷款只是支持大项目、基础性项目和公益性项目，WSMC 项目太小，摆不上台面。二是要克服怕麻烦的心态，政策性贷款和其他贷款一样，都要履行相关的手续，只要是国家政策明确支持的内容，所需履行的程序并没有比一般贷款复杂。三是 WSMC 项目的选择，要精心选择优质的 WSMC 项目作为国家政策性贷款支持的项目，既为 WSMC 争取更多的政策性贷款支持打下良好的基础，也为自身信用等级创下良好的口碑。

二、积极利用抵押补充贷款（PSL）

抵押补充贷款是人民银行新型货币政策工具的重大创新，其主要功能是为支持国民经济重点领域、薄弱环节和社会事业发展而对政策性金融机构提供的期限较长的大额融资，具有显著的长期、稳定、低成本优势。中国农业发展银行通过抵押信贷资产从人民银行获得优惠利率的资金来源，用于加大对水利行业的信贷支持。使用抵押补充贷款资金项目的贷款利率低于市场利率，近期执行利率较中长期贷款基准利率低 15％ 以上，从而有效降低融资成本，更好地支持水利工程建设提速。经过水利部努力，中国农业发展银行同意将 WSMC 项目作为抵押补充贷款支持的内容，这是一条非常有价值的融资渠道。目前，水利部与中国农业发展银行已经联合建立了抵押补充贷款项目库，只有列入项目库的项目才具备使用抵押补充贷款资金的资格。❶ WSCO 可将较大规模的 WSMC 项目按规定程序列入项目库，也可以将若干 WSMC 项目打捆成项目包后列入项目库。需要利用抵押补充贷款的 WSCO 可直接与各地的水利部门和中国农业发展银行省级机构联系办理。

三、大力拓展商业银行融资渠道

在我国，企业传统的信贷渠道均是从商业银行获得贷款，WSCO 也不例外。从通常的贷款种类看，适合 WSMC 项目贷款的金融产品主要包括有担保抵押贷款、质押贷款和项目融资三大类。

---

❶　具体参照《水利部、农业发展银行关于用好抵押补充贷款资金支持水利建设的通知》和《水利部办公厅、农业发展银行办公室关于做好抵押补充贷款项目库管理的通知》执行。

（一）有担保抵押贷款

有担保抵押贷款主要有两种：一是信用担保贷款；二是资产抵押贷款。WSMC 刚刚开始发育，对金融机构来讲，WSCO 的信用还没有积累，获得信用担保贷款的难度较大。由于 WSCO 是以提供节水服务为主的轻资产企业，可用于归还贷款的可抵押的资产很少，所以以资产作抵押获得信贷也比较难。

（二）质押贷款

质押贷款主要有两种：一是未来收益权质押贷款。未来收益权质押贷款也称为应收账款质押贷款，是指应收账款的债权人将其对债务人的应收账款之债权出质给银行等信贷机构，并获得贷款的行为。2007 年10 月 1 日正式实施的《物权法》第 223 条扩大了可用于担保的财产范围，明确规定在应收账款上可以设立质权，用于担保融资，从而将应收账款纳入质押范围，这被看做是破解我国中小企业融资困境的开端。与保付代理不同，未来收益权质押的相关债权并不发生转移，而是作为质物出质给银行等信贷机构，银行按照一定的"贴现"比例，提前将项目未来的收益以"贴现"归还贷款的形式一次或分次发放贷款给 WSCO，贷款期限视 WSMC 项目的合同期限而定，以 WSMC 项目的未来收益作为贷款的还款来源。目前一些商业银行已经对 WSMC 项目未来收益权贷款表现出极大兴趣（未来收益权质押融资模式如图 6-1 所示）。二是股权质押贷款。股权质押贷款又称股权质权，是指出质人以其所拥有的股权作为质押标的物而设立的质押。按照目前世界上大多数国家有关担

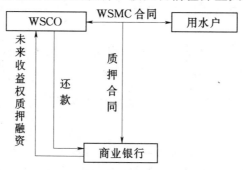

图 6-1　未来收益权质押融资示意图

保的法律制度的规定，质押以其标的物为标准，可分为动产质押和权利质押，股权质押就属于权利质押的一种。对于处于发育期的 WSCO 来说，银行信贷的门槛相对较高，股权融资不失为一种可供选择的融资渠道。但是，与 WSMC 项目的资金需求相比，仅仅依靠自身股权进行质押融资显然是杯水车薪。

（三）项目融资

所谓的项目融资是指贷款人向特定的工程项目提供贷款协议融资，对于该项目所产生的现金流量享有偿债请求权，并以该项目资产作为附属担保的融资类型。它是一种以项目的未来收益和资产作为偿还贷款的资金来源和安全保障的融资方式。项目融资最初诞生在 20 世纪 20 年代的美国，主要是油田开发项目运用项目融资的方式获取资金，后来逐渐扩大范围，除资源开发之外还广泛应用于基础建设等领域。项目融资作为一种重要的融资方式，可以有效分散风险，并且能够筹措大量项目资金，目前在我国基础设施建设项目和环保领域已经得到广泛运用。项目融资有许多模式，特别是运用于 EPC 项目也取得了许多成功的经验，成为解决合同能源管理资金不足的重要渠道之一。如兴业银行针对EPC 项目设计的节能减排技改项目融资模式、CDM 项目融资模式、节能减排设备供应商买方信贷融资模式、节能减排设备生产商增产融资模式、公用事业服务商融资模式、融资租赁模式、排污权抵押融资模式等，这些项目融资模式完全可以移植用于 WSMC 项目融资。

四、保理等新型金融产品

保理全称为保付代理，属于新型金融产品，保理通常是指卖方将因赊销而形成的应收账款转让给保理商（一般为银行或其他金融机构），保理商为其提供包括应收账款管理、融资、坏账担保等服务的综合性金融业务。保理又称承购应收账款、托收保付、银行收购合同、金融机构持股模式等。最早的保理是指在国际贸易中以托收、赊账方式结算货款时，出口方为了避免收汇风险而采用的一种请求第三者（保理商）承担风险责任的做法。保理本质上是债权的转移，按照是否可以向卖方追索，分为有追索权保理和无追索权保理。一般来讲，只要企业具有被市场接受的产品，就可以通过保理获得融资，因此保理与企业的规模、资信水平、质押物没有必然联系。

理论上讲，采用 WSMC 模式进行节水技术改造，绝大多数能够产生显著的节水效益，因此，WSCO 可以通过保理业务将应收账款（通过分享节水效益的收入）转让给保理商，从而将未来收益提前变现，这样可以有效解决 WSCO 流动性资金不足的问题。

WSMC 项目的保理融资是指：WSCO 与用水户签订 WSMC 项目合同，约定合同期内节水效益的分享比例和执行年限，WSCO 将合同期内的未来收益（应收账款）转让给银行（保理商），银行按未来收益额的一定比例（通常不超过 80%）提前为 WSCO 提供融资支持。WSMC 项目技术改造完成后，通过分享节水效益归还银行应收账款。见图6-2。

图6-2　WSCO 保理融资示意图

为了控制 WSMC 项目预期节水效益的不确定性和可能产生的风险，对于较大的 WSMC 项目，银行会采取收购 WSMC 项目合同的方式达到实质性介入的目的。这种保理方式主要分为两大类：一是金融机构直接持股 WSCO，从而对 WSMC 项目进展及其收益享有决策权和收益权；二是金融机构直接入股用水单位，或者要求项目用水单位以股权作担保，从而保证 WSCO 和银行的项目收益。将保理运用于 WSMC 是个创新的举措，需要业界共同努力与探索，共同为节水服务产业发展提供一个新的融资渠道。

如前所述，解决 WSMC 项目融资的关键是金融创新。只有不断地创新适合 WSMC 项目融资的金融品种，才能满足节水服务产业发展巨大的资金需求。例如，WSCO 的资产很大一部分是 WSMC 项目的收益权，为了能利用这种特殊的收益权进行项目融资，除了上述的未来收益权质押贷款以外，还可以建立收益权融资和交易制度。必要时，可以考虑将项目收益权纳入期权交易，从而在节水市场发展的同时拓展金融市场、产权市场，甚至向资本市场延伸，形成 WSMC 与资本市场的良性互动。因此，实践中除了积极推行保理等新融资模式以外，类似于发行节水（大型的 WSMC 项目）专项债券、节水收益权证券化、成立节水投资产业基金等也是非常值得进一步探讨的好模式。

五、股权融资

所谓的股权融资就是通过增资扩股的方式融通资金（由于 WSCO 都属于初创阶段，上市公司较少，通过资本市场募集资金的定向增发等方式不在本书讨论范围），即股东通过增资扩股来吸纳战略投资者或财务投资者，实现扩大股本，增加 WSCO 自有资金，增强融资能力的目标（通常，每吸收 1 万元股权投资，可以增加 2 万元的信贷能力，实际增强的融资能力为 3 万元）。股权融资最明显的优点是可以集聚社会资本投入节水事业，只要有足够的 WSMC 项目做铺垫，股权融资可以让 WSCO 得到社会资本最大程度的支持。

六、非银行金融机构融资

（一）信托投资

信托投资是信托投资机构用自有资金及组织的资金进行的投资。信托投资以投资者身份直接参与对企业的投资是目前我国信托投资公司的一项主要业务。信托投资公司以自有资金及稳定的长期信托资金投资 WSMC 项目，直接参与 WSMC 项目的利润分配，并承担相应的风险。WSMC 项目采用信托投资是一种较好的融资渠道。

（二）融资租赁

融资租赁又称金融租赁，是指出租人根据承租人对供货人和租赁物的选择，出资向供货人购买租赁物，然后出租给承租人使用。合同期内，承租人按合同约定分期向出租人支付租金，租赁期满按合同约定处置租赁物。与银行信贷相比，融资租赁对 WSCO 的资信水平和担保的要求相对较低。融资租赁公司更看重的是拟投资项目的盈利能力，即租赁物投入使用后所产生的现金流量是否足够支付租金。另外，在租赁期内，租赁物的所有权归出租人所有，这样可以确保出租人的财产安全，并且在一定程度上能够规避承租人的经营风险。所以，融资租赁具有较大的融资优势。WSCO 作为承租人可依据 WSMC 项目需求选定节水器具、设备和供应商，然后向融资租赁公司提出租赁申请。融资租赁公司对 WSMC 项目的可行性进行分析，若项目可行，则出资向选定的供应商购买选定的节水器具、设备，并出租给 WSCO 使用。获得节水器具、设备的使用权后，WSCO 开始实施 WSMC 项目的节水技术改造。项目改造完成后，WSCO 与用水户分享节水效益，并按合同约定向融资租赁公司支付租金。节水器具和设备的租期和还款方案可以依据节水效益的分享期限和分享比例合理安排。按照融资租赁的模式，WSCO 一般可以实现较高比例的融资（见图 6-3）。

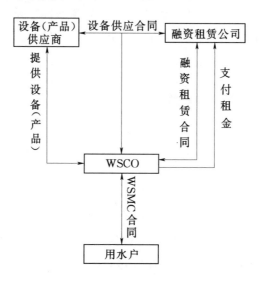

图 6-3 WSCO 融资租赁示意图

另外，用水户也可以自己作为承租人向融资租赁公司提出融资租赁要求，经融资租赁公司对项目进行可行性分析后，向用水户事先选定的供应商购买节水器具和设备，交由 WSCO 进行节水技术改造，项目完成后，融资租赁公司通过与用水户、WSCO 三方共同分享节水效益的方式收回租金（见图 6-4）。

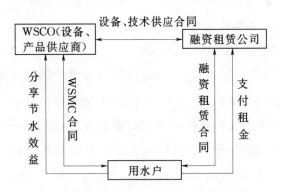

图 6-4　用水户融资租赁示意图

融资租赁有很多种方式，如直接租赁、回租租赁、转租赁、杠杆租赁、委托租赁、或有租赁等，WSCO 可以根据自身的资金需求和 WSMC 项目情况运用融资租赁模式开拓资金来源。

七、WSMC 的担保和增信机制

（一）担保机制

WSMC 的担保机制分为贷款担保机制和履约担保机制。无论是商业银行的传统金融业务还是新型金融产品，凡涉及贷款业务都有一个重要机制——贷款担保机制。这是金融机构避免出现贷款违约现象而采取的风险防控措施。所谓的贷款担保机制分为三种：一是信用担保；二是实物担保；三是独立第三方担保。参照国内外经验，在新产业发展之初，由政府引导成立基金管理公司委托实力较强的担保机构为 WSMC 项目信贷提供第三方担保是个很好的解决办法。❶

---

❶ 有关政府引导成立贷款担保机制在本书的第七章节水服务产业发展前景和政策环境建设中有专门论述。

（二）WSCO 的增信机制

增信机制分为内部增信机制和外部增信机制。

（1）内部增信机制。对于 WSCO 来讲，内部增信主要有两种途径：一是采取节水效益增信措施。WSCO 的节水效益是银行收回信贷资金的唯一来源，而节水效益又具有不确定性，因此内部增信的首要渠道就是提高节水效益的可信度，主要采用科学、合理的技术措施确保节水技术改造能获得可靠的节水效益，通过客观合理的测量和验证方法，提高项目节水效益的准确性。二是建立规范的 WSCO 信用体系。由于发展初期 WSCO 在信用方面有许多不足，因此要以诚信文化为核心、以信用制度为载体、以信用记录为依托、以信用监管为手段，逐步建立完善、规范、有序、有效的 WSCO 自身的信用体系，这既是其增信的根本途径，也是 WSCO 发展壮大的战略选择。三是合法经营，加强自律，绝不越轨，这是 WSCO 最重要的增信途径。一定要重视诚信的市场价值，努力建立企业对外诚信形象，对外投资要量入为出，先测算盈利点和还款能力，在经营中要稳扎稳打，高度重视在银行留下良好信用记录的重要性。四是加强内部财务管理，培养诚实守信的软实力，增强信用意识，以自身的综合素质和实力取情于民众，取信于社会、银行，通过努力提高 WSCO 自身信用级别。

（2）外部增信机制。一是借助节水服务供应链、产业链的整体信用提高节水产品生产企业、供应商、施工单位等的信用等级❶；二是引入独立第三方评估机构审核节水效益，提高评估结果的权威性和可信度；三是建立履约担保机制，履约是相对和其客户来说的，即保证 WSMC 项目获得可靠的节水效益，用水单位保证按合同支付节水效益，履约担保可以增强 WSCO 的信用，最大程度消除银行融资的顾虑，有利于项目融资；四是信贷担保机制，为 WSCO 提供还贷担保前，担保公司会对 WSMC 项目的经济技术可行性和节水效益的可实现性进行严格的评

---

❶　有关节水服务供应链、产业链对于解决 WSMC 项目资金的重要作用在下面的章节中有专门的论述。

估，由此会大大减少贷款的违约风险，担保机制能发挥"四两拨千斤"的杠杆作用，即用少量的担保基金撬动银行的信贷资金，是解决WSMC项目融资难的有效方法。

第三节　WSMC 与互联网供应链、产业链金融

WSMC 最有生命力的内涵是为广大社会资本进入节水服务领域提供一种可靠的商业模式。而互联网金融、供应链金融和产业链金融则是聚集社会资本最直接有效的平台和融资手段。

一、产业链金融和供应链金融

产业链在经济发展中发挥着不可或缺的功能。随着产业链功能作用不断显现，产业链问题在国内外受到政府、企业界和学术界广泛关注，有关产业链和供应链研究的文章越来越多，对产业链和供应链的概念也有多种不同表述，由于本书不是以研究产业链、供应链概念、内涵为主题，所以，笔者赞同并选择下列概念的原因不是觉得这些概念比别的概念更为正确，只是觉得这些概念与自己的看法相近而已。

（一）产业链和供应链

如本书第二章所述，所谓的产业链是指基于产品和服务提供所形成的技术关联和经济关联关系。即企业之间的关联关系按照生产、业务流程等次序实现链接的链式结构。为满足理论研究分析需要，产业链内部还可分为价值链、企业链、供应链和空间链等内部链，但从产业链实体运行上看，供应链可以更直观地体现产品、服务和价值增值全过程。

所谓供应链通常有两类定义：一是传统供应链定义，即指企业把从外部采购的原材料和零部件，通过生产转换和销售等活动传递到零售商和用户的一个内部过程；二是现代供应链定义，指的是围绕核心企业，通过对信息流、物流、资金流的控制，从采购原材料、制成中间产品及最终产品、通过销售网络把产品（服务）送到消费者手中的将供应商、

制造商、分销商、零售商、最终用户联成整体的功能网链结构模式。

（二）产业链金融和供应链金融

所谓的产业链金融是指金融机构以产业链的链核企业为核心，以构成产业链的上下游供应商（服务商）为主体，为某一产品（或服务）提供从原材料采购、中间产品、最终产品（或服务）消费的金融服务的金融业务模式。产业链金融是基于现代信息技术发展而形成的新的金融服务模式，它以某一产业的核心企业为轴心，以信息网络体系为支撑，将供应商、制造商、销售商及最终用户进行有效整合，形成网络体系并提供金融服务。

所谓的供应链金融是指金融机构围绕某一供应链的核心企业，对供应链中的上游供应商提供货款及时收达的服务，或者对下游分销商提供存货融资或者代付预付款等金融支持，通过对整条供应链的资金流、物流和信息流的有效整合，最终提高收益，将风险最小化的金融服务。

供应链金融与产业链金融最大的区别是，在供应链金融中商业银行是以物流企业为依托来开展对相关企业的融资服务。在供应链金融业务模式里，物流企业不仅为融资企业提供物流监管，还提供与融资相关的信息、业务操作和结算服务。而产业链金融模式中，监管、交易信息提供、产业链整体信用等功能均由链核企业来提供。

所以，无论是产业链金融还是供应链金融，与传统的金融机构的融资模式相比均有很大的不同。在传统融资模式下，一个企业的财务资产信息达不到金融机构贷款门槛的一定会被排除在外。而在产业链、供应链金融模式下，金融机构提供金融服务不仅注重供应链中个别企业的财务报表数据，也更重视对整个产业链、供应链企业进行综合考虑。如果单个融资企业满足信贷标准，则可以为其提供信贷支持，如不能满足信贷标准，则金融机构的信贷标准开始转变为考察真实的交易背景及整条产业链、供应链的可持续发展能力，通过将单个企业的信用与核心企业和整条产业链、供应链的信用相挂钩，为产业链、供应链上的企业提供最合适的金融服务。

综上所述，产业链金融和供应链金融都是金融机构的金融创新，其初衷主要是针对中小企业规模较小、财务体系不健全，信用资质较差、可用于抵押担保的资产较少等特点而进行的金融创新，目的是为中小企业提供可靠的融资渠道。从目的上看，无论是产业链金融还是供应链金融，都可以十分完美地复制到推行 WSMC，促进节水服务产业发展这个国家战略上，因为两者都可以在有效解决 WSMC 资金需求较大、WSCO 融资难等问题的同时促进节水服务产业发展，增加金融机构的收益。本书以节水产业链金融为例进行简要分析。

如图 6-5 所示，在传统金融条件下，WSMC 项目融资比较困难，主要原因有三个方面：一是节水产品和技术高度分散性导致项目融资难。如前所述，每一项 WSMC 项目均需要集成运用一系列节水产品和技术，这些技术、产品分散在不同的节水产品生产企业和技术服务企业手中，以一次性投资 1000 万元的公共机构（高校）WSMC 项目为例，整个节水技术改造涉及 17 项技术（产品）的生产厂家和 WSCO 共 11 家单位，每家单位为 WSMC 项目所能提供的资金额度均不大，单独为参与一个项目向银行申请贷款成本高，成功的可能性也不大。二是节水产品、技术企业特点导致贷款难。如前所述，这些节水产品供应商和节水技术服务企业均属于中小企业，总体上资产规模较小，财务体系不健全，信用资质较差，可用于抵押担保的资产较少，仅仅依靠单项参与 WSMC 项目就想从银行获得资金支持比较困难。三是 WSCO 贷款能力有限性导致贷款难。按照传统金融条件下的贷款规则，由于参与 WSMC 项目的上下游供应商、服务商很难因为参与单个 WSMC 项目而获得银行的资金支持，所以解决 WSMC 项目资金的压力全部集中在

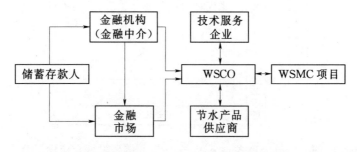

图 6-5 传统金融条件下 WSMC 资金流向示意图

WSCO 身上，要么 WSCO 以自有资金先行采购节水产品、节水技术，完全依托自身力量完成 WSMC 项目，要么自己向银行贷款（或通过金融、资本市场）解决 WSMC 项目资金问题。相对于 WSMC 巨大的市场容量来讲，任何一家 WSCO 的贷款能力都是有限的，所以，在传统金融条件下解决 WSMC 项目资金非常困难。

如前所述，产业链金融是为某一产品或服务提供从原材料采购、中间产品到最终产品（服务）消费的金融服务的金融业务模式。如图 6-6 所示，在传统金融条件下，节水服务产业链的链核是 WSCO，节水服务产业链是以 WSCO 为核心，为所有 WSMC 项目提供节水产品、技术和服务的相关企业为主体的链式结构。所以，具体到节水服务产业链金融，则是以 WSMC 项目为载体，以实施 WSMC 的 WSCO 为核心，由金融机构为产业链条上的所有需要金融服务的企业提供金融服务的一系列行为。与传统的金融服务模式相比，节水服务产业链金融模式具有十分明显的优点：首先，节水服务产业链金融是以节水服务产业发展的整体利益为出发点，理论上讲，是为节水服务产业链上的所有企业、消费者的融资请求提供金融服务的，因此，以节水服务产业链金融的方式可以解决 WSMC 项目资金短缺、防止产业链因资金短缺而导致产业链断裂的风险；其次，金融机构面对的是整条产业链的企业，由于有 WSCO 这个链核企业提供担保和真实交易信息，更容易掌握资金的流向及使用情况，减少了产生不良贷款的风险；第三，节水服务产业链金

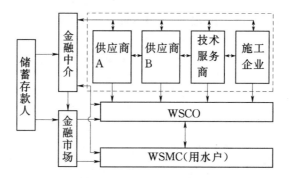

图 6-6　传统金融条件下 WSMC 产业链金融资金流向示意图

融可以最大程度改变 WSCO 资本结构，在传统金融条件下原本需要先由 WSCO 贷款来支付购买节水产品、节水技术服务的支出，在节水产业链金融条件下可以由金融机构直接贷给节水产品供应商，然后从分享的节水效益中归还贷款即可；最后，节水服务产业链金融还有一个特点，就是为了适应不同的 WSMC 模式（如节水效果保证型和固定投资回报型），节水服务产业链金融也可以直接为终端消费者（用水户或 WSMC 业主单位）提供金融服务，这不仅为 WSMC 项目实施提供了很大的方便，也为加快拓展节水服务市场空间提供了重要支持。

例如，在传统融资模式下，许多节水服务商可能因为达不到银行信贷准入门滥而被排除在外。但在产业链金融条件下，如果节水服务商拟进行的某项 WSMC 质量非常好，而且银行能够通过 WSCO 对节水产业链上下游企业的资信、企业过往交易记录、交易流程的控制能力、交易商品的价格走势等有效把握和控制，对整个项目进行过程中资金流和交易流程实行有效控制，银行就可以在淡化节水产品供应商本身资历的基础上规避融资障碍，只针对此项交易提供贷款，实现对 WSMC 项目资金的支持。

所以，在传统金融条件下，开展节水产业链金融服务是解决节水改造资金短缺、推行 WSMC、促进节水服务产业发展的有效途径。

二、互联网金融

从 2012 年我国首次提出互联网金融概念以来，互联网金融不仅受到了学术界的广泛关注，而且业界的实践也如火如荼。短短的几年内，互联网金融既对传统的金融业务带来重大冲击，也为金融界添加了一道亮丽的风景线。

（一）互联网金融

互联网金融是一个较新的概念，目前，业界对于在互联网平台上创新出来的金融服务如第三方支付、网络投融资、网络货币等定义为互联网金融认识比较一致，但对传统金融业务互联网化是否归结为互联网金融范围学术界还有分歧❶。2015 年 7 月，中国人民银行等十部委发布的《关于促进互联网金融健康发展的指导意见》（以下简称《指导意见》）对互联网金融的定义是：互联网金融是传统金融机构与互联网企业利用互联网技术和信息通信技术实现资金融通、支付、投资和信息中介服务的新型金融业务模式。笔者赞同吴晓求的定义：所谓互联网金融，有狭义的互联网金融和广义的互联网金融。狭义的或严格意义上的互联网金融是指具有互联网精神、以互联网为平台、以云数据整合为基础而构建的具有相应金融功能链的新金融业态，也称第三金融业态。狭义的互联网金融不包括传统金融业务互联网化，即金融互联网部分。广义的、宽泛意义的互联网金融则包括金融互联网部分。本书所指的互联网金融是广义的互联网金融。互联网金融既不同于商业银行的间接融资，也不同于资本市场的直接融资，它属于第三种金融融资模式，是一种新的金融业态。

新出台的《指导意见》将互联网金融分为互联网支付、网络借贷、股权众筹融资、互联网基金销售、互联网保险、互联网信托和互联网消费金融等主要类型。

谢平等人依据目前的互联网金融形态在资源配置、信息处理、支付三大功能上的差别，将互联网金融分为六种类型：金融互联网化、第三方支付与移动支付、虚拟货币、基于大数据的网络贷款与征信、众筹融资和 P2P 网络贷款。

（二）互联网金融的核心特征

互联网金融的核心特征：一是交易成本降低。互联网金融与传统金融的最主要区别在于计算机、通信、互联网、大数据、云计算等相关技术在金融资源配置中的运用，也正是这些技术保证了互联网金融交易成本不断降低，交易效率不断提高。最典型的就是互联网金融可以替代传

---

❶ 部分学者认为传统金融业务互联网化只是互联网替代金融中介和市场网点、人工服务，但产品结构、盈利模式并未发生根本性变化。所以，不应该将传统金融业务互联网化视为互联网金融。

统金融中介和市场中的物理网点与人工服务，促进运营优化，去中介化，缩短资金融通中的链条，从而降低交易成本。二是信息不对称程度降低。信息不对称是传统金融难于克服的短板，随着大数据与超高速计算机结合，经济主体的相关性分析和行为分析显著降低了信息不对称，使金融机构提高了风险定价和风险管理效率，实现市场信息充分、透明，市场定价高效率。三是交易内容扩展。互联网使交易成本和信息不对称逐渐降低，金融交易的可能性大大增加，原来不可能的交易成为可能。例如线下个人之间的直接借贷，一般只发生在亲友间，而在 P2P网络贷款中陌生人之间也可以借贷。四是交易去中介化。在互联网金融中，资金供求的期限、数量和风险的匹配，不一定需要通过银行、证券公司和交易所等传统金融中介和市场，可以通过互联网实现资金的直接匹配（见图 6-7）。五是支付变革与金融产品货币化。以移动支付和互联网支付为基础的互联网金融能显著降低交易成本。而支付与金融产品挂钩会促成丰富的商业模式，带来货币政策操作方式的改变。突出例子是以余额宝为代表的"第三方支付＋货币市场基金"合作产品，通过"T＋0"和移动支付，使货币市场基金既能用作投资品，也能用作货币，同时实现支付、货币、存款和投资四个功能。六是银行、证券和保险的边界模糊。互联网金融活动天然就具有混业特征，例如，在金融产品的网络销售中，银行理财产品、证券投资产品、基金、保险产品和信托产品完全可以通过同一个网络平台销售。又例如，P2P 网络贷款既可以替代银行存贷款，也可以通过互联网进行直接债权融资，还可以购买信用保险产品。七是金融和非金融因素融合。互联网金融创新内生于实

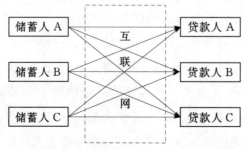

图 6-7　互联网金融条件下资金流向示意图

体经济的金融需求，一些实体企业将长期积累的大量数据和风险控制工具用在金融活动中，取得了很好的效果。典型例子如阿里巴巴为促进网上购物、提高消费者体验，先通过支付宝打通支付环节，再利用网上积累的数据发放小额信贷，然后又开发出余额宝，以盘活支付宝账户的沉淀资金并满足消费者的理财需求。

（三）互联网金融的主要业务模式

从互联网金融发展的具体形态来看，可以归纳为七种模式（见表6-1），目前最主要的是三种模式：一是第三方支付、移动支付模式。根据 iResearch 数据预测分析，2012 年，中国移动支付行业年度交易规模达 1511.4 亿元，2015 年市场规模达到了 163626 亿元，是 2012 年的108 倍。二是 P2P 网络借贷模式。以互联网金融平台替代传统存贷款业务，实现了借贷双方客户的认证、记账、清算和交割等流程，实质上是一种"自金融"的借贷模式。互联网技术的创新和运用大幅度降低了借贷双方信息不对称和交易成本，解决了长期以来金融机构始终未能有效解决的中小企业融资难问题。根据《2015 年中国网络借贷行业年报》统计，截至 2015 年 12 月底，全国 P2P 网贷运营平台数量达到了 2595家，相比 2014 年底增长了 1020 家，绝对增量超过 2014 年，再创历史新高。2015 年，全年网贷成交量达到了 9823.04 亿元，相比 2014 年全年网贷成交量（2528 亿元）增长了 288.57%。从 2007 年 8 月中国第一家 P2P 信贷公司拍拍贷成立至 2015 年 10 月底，全国网贷历史成交量累计首次突破万亿元大关，截至 2015 年 12 月底，历史累计成交量已经达到了 13652 亿元。按目前增长态势，预计 2016 年全年网贷成交量或超过 3 万亿元。三是以众筹融资替代传统证券业务。所谓众筹，就是集中大家的资金、能力和渠道，为小企业或个人进行某项活动等提供必要的资金援助，是最近两年国外最热门的创业方向之一。根据《福布斯》杂志的数据，截至 2013 年第二季度，全球范围内的众筹融资网站已经达到 1500 多家，我国以 51 资金项目网为例，虽然它不是最早以众筹概念出现的网站，但却是最先以信息匹配为特征搭建成功的一个平台，截至2013 年底，该网站已为 1200 余家中小企业融资成功，融资总额高达 30

亿元。

表 6-1 　　　　　　　　互联网金融主要业务模式

包含内容	行业特点	所处时期	代表企业
第三方支付	独立于商户和银行为商户和消费者提供的支付结算服务	正规运作期	支付宝、易宝支付、拉卡拉、财付通、快钱、汇付天下
P2P 贷款	投资人通过有资质的中介机构，将资金贷给其他有借款需求的人	行业整合期，即将进入泡沫化低估	人人贷、拍拍贷、红岭创投
众筹融资	搭建网络平台，由项目发起人发布需求，向网友募集项目资金	萌芽期	点名时间、众筹网、淘梦网
电商小贷	利用平台积累的企业数据，完成小额贷款需求的信用审核并放贷	期望膨胀期	阿里巴巴、善融商务、慧聪网、京东
虚拟货币	以比特币为代表的非实体货币，以提供多种选择和拓展概念为主	期望膨胀期，即将进入行业整合期	比特币、亚马逊币、Facebook 币、Q 币
金融网销	基金、券商等金融或理财产品的网络销售	期望膨胀期	融 360、好贷网、金融界理财
其他	金融搜索、理财计算工具、金融咨询、法务援助等	萌芽期	互联网银行、互联网保险、互联网金融门户

三、互联网产业链金融

如前所述，互联网金融最典型的特征就是虚拟性，而最大的风险也是虚拟性。互联网金融本身具有突发性、传染性、一致性、传递性的特点，使互联网金融风险的影响范围和破坏程度被放大了，轻则发生局部损失，重则出现系统性风险。解决互联网金融风险问题最有效的途径就是与实体经济实现紧密融合。笔者认为，互联网金融与实体经济紧密融合的重中之重就是实现与产业链紧密融合，而实体经济解决资金问题的重要途径之一就是与互联网金融融合。所以，互联网金融和产业链融合可以实现互联网金融更加安全，实体产业经济发展更快的双赢结果。

如前所述，解决节水服务产业发展的社会融资问题必须依靠金融创新，具体来说，就是要推动互联网产业链金融模式进入节水服务产业，为节水服务企业与互联网金融资本紧密协作搭建桥梁，实现互联网金融和节水产业链紧密结合，创造出互联网节水服务产业链金融新模式。创新、构建、推行互联网节水服务产业链金融模式对于互联网金融企业、传统金融企业、节水服务商和国家的节水事业都有莫大的好处。一是互联网节水产业链金融拓宽了节水资金来源渠道。传统金融条件下，储蓄人只能通过金融中介和金融市场的渠道，按照国家规定的利率来配置资金资源，企业也只能通过金融中介和金融市场来获得资金资源。如图6-8所示，在互联网金融条件下，储蓄人可以通过互联网金融平台直接找到 WSCO 进行资金资源配置，但仍然没有解决 WSCO 资金压力过大、节水服务产业链上的相关企业得不到应有的资金资源等问题。而在互联网节水产业链金融条件下，储蓄人不仅可以通过互联网金融平台直接找到 WSMC 并可以根据市场对资金的需求情况和 WSMC 项目相关情况来自主决定资金使用期限和使用成本，还能够以节水服务产业链的真实交易背景和节水服务产业链整体信用做背书，大大减低了互联网金融借贷双方的风险。所以，创新运用互联网节水产业链金融模式可以解决 WSMC 推行过程中融资难的瓶颈，可以充分利用社会资本和市场机制，可以加快我国节水事业发展的步伐，对于解决中国水资源、水环境问题具有不可估量的意义。二是互联网节水产业链金融模式提高了节水资金配置效率。WSCO 按照互联网金融的要求将 WSMC 项目的相关信息和用款企业基本情况、历史信用、资金规模、使用期限和使用成本做成金融产品在互联网金融平台公开，储蓄人可以根据自己的资金资源情况、风险控制要求和资金配置的偏好做出选择，通常情况下可以在几个小时内就立刻做出决策。而传统金融条件下，即使是最讲究效率的商业银行也需要数十倍的时间才可能作出贷款决策（包括传统金融条件下的产业链金融的服务效率也远低于互联网金融）。也就是说，对于质量好的 WSMC 项目，对于信用良好的 WSCO，通过互联网节水产业链金融募集社会资本是最简单有效的办法。三是互联网节水产业链金融模式降低了金融中介、金融市场的失信风险。传统金融条件下金融资源配置的委托代理风险和信息不对称风险至今未能得到很好解决。互联网金融有了节水服务产业实体作为支撑，产业链上的节水服务商、WSMC 项目和用水户的信用情况更加清晰可靠，金融中介、金融市场和储蓄人贷款风险更加可控。四是互联网节水产业链金融模式可以有效降低节水资金的融资成本。目前，互联网金融受到诟病的一个原因就是融资成本较高，《2015 年中国网络借贷行业年报》的统计数据表明，2015 年 P2P 网贷行业收益率为 12.45%，尽管与 2014 年相比跌幅超过了一半，但与传统金融机构提供的贷款利率相比还是高了 1 倍以上。互联网金融资金成本高的主要原因就是高风险要与高收益相匹配，互联网金融在没有与实体产业链结合之前的风险确实是比较高的。而节水是国家战略，节水服务产业是朝阳产业，互联网金融与节水服务产业链实现紧密融合而创造出来的互联网节水产业链金融模式为金融中介、金融市场和储蓄人贷款提供了坚实的承贷主体群，减少了不良贷款的风险，所以，按照风险与收益匹配的原则，互联网节水服务产业链金融模式募集的社会资本其资金成本必将出现较大幅度的降低。

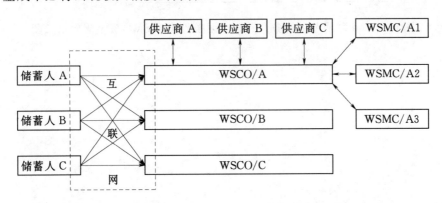

图 6-8 互联网金融条件下 WSMC 资金流向示意图

所以，互联网节水服务产业链金融是 WSCO 募集社会资本，解决 WSMC 项目一次性投入大、收回时间长、资金占用大、社会融资困难，促进节水服务产业发展的重大举措和有效途径。

在互联网节水服务产业链金融模式下，社会资本（储蓄人、传统金融企业等）通过互联网金融平台流向以 WSCO 为核心的节水服务产业链上的企业（见图 6-9），用于 WSMC 项目的节水技术改造，也可以直接流向用水户和 WSMC 项目业主，节水服务产业链以链核企业 WSCO 为核心，以真实的 WSMC 项目为载体，以产业链上需要金融服务的节水服务（供应）商为承贷主体，以节水服务产业链整体信用为担保，最终实现储蓄人（社会资本或投资者）风险可控，节水服务产业发展，水资源可持续利用，生态文明建设得到发展等多赢目标。

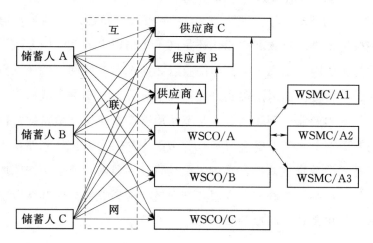

图 6-9 互联网节水服务产业链金融条件下 WSMC 资金流向示意图

第七章 节水服务产业发展前景和政策环境建设

节水服务产业是解决我国水资源短缺、水环境退化、水生态损伤的社会力量，是水利事业的重要组成部分，解决中国水问题、保障中国水安全，必须加快发展我国节水服务产业。

党的十八届五中全会通过的《中共中央关于制定国民经济和社会发展第十三个五年规划的建议》（以下简称"建议"）提出，要"实行最严格的水资源管理制度，以水定产、以水定城，建设节水型社会""建立健全用能权、用水权、排污权、碳排放权初始分配制度，创新有偿使用、预算管理、投融资机制，培育和发展交易市场。推行合同能源管理和合同节水管理"第十二届全国人民代表大会通过的《中华人民共和国国民经济和社会发展第十三个五年规划纲要》（以下简称"十三五规划"）提出，要"全面推进节水型社会建设""落实最严格的水资源管理制度，实施全民节水行动计划""加快农业、工业、城镇节水改造，扎实推进农业综合水价改革，开展节水综合改造示范""推广节水技术和产品""加快非常规水资源利用，实施雨洪资源利用、再生水利用等工程。用水总量控制在 6700 亿 m³ 以内"同时，"十三五规划"在实施全民节水行动中再次对未来 5 年合同节水管理的试点进行全面安排，进一步明确了"要开展节水型社会综合示范。在 100 个城市开展分区计量、漏损节水改造。鼓励中水替代、废水深度处理和回用，推进五大高耗水行业和园区节水改造。实施 100 个合同节水管理示范试点。推广节水器具，鼓励居民更换不符合节水标准的用水器具"等具体要求，可见，习近平总书记提出"节水优先、空间均衡、系统治理、两手发力"的新时期水利工作方针，已经在"建议"和"十三五规划"中有了重要的部署安排。未来，我国的节水服务产业发展会成为新兴产业中增长最快的产业领域，得到国家政策的大力支持和社会资本的青睐。

第一节　节水服务产业发展前景分析

如前所述，节水服务产业是以 WSMC 为载体，以 WSCO 为实施主体，围绕节水技术改造而衍生发展形成的战略性新兴产业。为了更好地把握节水服务市场和节水产业未来发展空间，笔者带领一个研究小组，对我国节水服务产业发展规模进行了初步分析，主要结论如下：

一、我国农业节水潜力和农业节水服务市场规模

所谓的节水潜力是指以各行业（或作物）通过综合节水措施所能达到的节水指标为参照标准，分析现状用水水平与节水指标的差值，并根据现状发展的实物量指标计算的最大可能节水数量。

农业用水主要包括耕地灌溉和林、果、草地灌溉，鱼塘补水及牲畜用水，其中耕地灌溉用水占农业用水的近 90%，代表了农业用水基本情况。以耕地灌溉节水潜力代替农业节水潜力具有典型性。

（一）农业节水潜力

根据《中国水资源公报》数据，2014 年全国有效灌溉面积数据为 9.86 亿亩，耕地灌溉用水量为 3385.5 亿 m^3，灌溉水有效利用系数 0.530。按照《实行最严格水资源管理制度的意见》（国发〔2012〕3号）的要求，到 2020 年，全国灌溉水有效利用系数提高到 0.55 以上。按照目前全国灌溉水有效利用系数趋势分析，到 2020 年预计达到 0.566。由此测算出到 2020 年我国农业节水潜力为 215 亿 m^3。

（二）农业节水服务市场规模

根据上述测算，从 2015 年到 2020 年，农业用水年均需节水 45 亿 m^3。综合分析大型灌区骨干工程续建配套节水技术改造案例和相关研究结果，在现状水价水平和管理条件下，通过农业节水技术改造措施每

节约 1m³ 水需投入 9.55 元（2015 年不变价）。以此为依据，则农业节水市场年均规模约为 430 亿元。

二、我国工业节水潜力和工业节水服务市场规模

（一）工业节水潜力

所谓的工业节水潜力是指在一定的技术、经济和社会条件下，以特定区域在特定时间的用水水平为基准，通过更换技术设备、实施污废水重复利用和再生利用所能够实现的节水量。工业节水潜力的计算是考虑产业结构调整、产品结构优化升级、节水技术改造、调整水资源管理制度等条件下的综合节水潜力，涵盖了工程节水、工艺节水、管理节水、制度节水等方面措施。测算工业节水潜力通常有增长率法、万元增加值指标法、重复利用率提高法等方法。以下主要采用万元增加值法和重复利用率提高法进行测算。

根据《水污染防治行动计划》和《全国水资源综合规划》相关工作要求，对工业节水有三个限制性指标：一是到 2020 年全国万元工业增加值用水量比 2013 年下降 30％以上；二是到 2030 年全国万元工业增加值用水量下降到 38m³（2000 年可比价）；三是全国工业用水重复利用率由 2008 年的 62％提高到 2030 年的 86％左右，达到同类地区国际先进水平。

根据上述指标要求，采用万元增加值指标法和重复利用率提高法等测算工业节水潜力。

（1）万元工业增加值指标法测算。根据国家统计局网站和《中国水资源公报》历年数据，按照工业增加值价格指数换算成 2000 年不变价，2013 年和 2014 年的万元工业增加值用水量分别为 81.2m³/万元和 72.8m³/万元，根据指标要求，2020 年工业增加值用水量要比 2013 年下降 30％，即 2020 年万元工业增加值用水量应该低于 56.8m³/万元。根据《节水型社会建设规划编制导则》计算方法，2020 年我国工业节水潜力为 298 亿 m³。

（2）工业用水重复利用率提高法测算。按照《全国水资源综合规划》

要求，通过调整工业结构和产业优化升级、逐步提高水价、提高工业用水重复利用水平和推广先进的用水工艺与技术等措施，全国工业用水重复利用率由 2008 年的 62% 提高到 2030 年的 86% 左右，达到同类地区国际先进水平。通过规划目标内插趋势分析，2014 年的全国工业用水重复利用率约为 68.5%，❶ 而到 2020 年约为 75.1%。根据《中国水资源公报》数据，2014 年全国工业用水量为 1356 亿 m^3。按照工业用水重复利用率分析的思路，到 2020 年，我国工业节水潜力为 284 亿 m^3。

取两种方法测算结果的中间值 290 亿 m^3 作为工业节水潜力。

（二）工业节水服务市场规模

根据上述测算，按 6 年算术平均值，从 2014 年到 2020 年，年均需节水 48.4 亿 m^3。综合分析工业节水技术改造成功的案例和相关研究结果，在现状水价水平和管理条件下，通过工业节水技术改造措施每节约 $1m^3$ 水需投入 12 元。据此推算，从 2015 年到 2020 年，我国年均工业节水改造直接投入约 580 亿元。

三、城市生活节水潜力和节水服务市场规模

城市生活节水内容包括城镇居民家庭和市政公共服务两部分用水，居民家庭生活用水指维持日常生活的家庭和个人用水，主要指饮用和洗涤等室内用水。市政公共用水包括饭店、学校、医院、商店、浴池、洗车场、公路冲洗、消防、公用厕所、污水处理厂等用水。

城镇生活节水潜力主要考虑两方面的因素：一是公共供水管网漏损率降低的节水潜力；二是节水器具普及率提高的节水潜力。对城市生活节水潜力预测常用采用人口定额法、时间序列法、灰色模型法等方法。

（一）城市节水潜力

据有关数据分析，2013 年我国市县公共供水量为 543.1 亿 m^3，公共供水管网漏损率为 15.2%。按照《水污染防治行动计划》要求，到

---

❶ 笔者认为到 2013 年底，我国工业用水重复利用率应该是 64.73% 左右，详见本书第一章相关内容。

2020 年公共供水管网漏损率控制在 10% 以内，由此测算，我国市县公共供水量具有 28.3 亿 m³ 节水空间。

另外，根据国家统计局网站数据和对《2014 年城乡建设统计公报》和《2013 年中国城乡建设统计年鉴》的数据分析结果，2014 年全国城镇人口为 7.49 亿人，按照上述有关指标要求，按每年节水器具普及率提升 2% 左右测算，到 2020 年年均节水器具节水潜力 9.18 亿 m³。

以供水管网漏损率和节水器具节水潜力作为我国城市生活用水节水潜力测算，到 2020 年，我国城市年节水潜力为 14.78 亿 m³。

（二）城市节水服务市场规模

根据以上测算，综合研究并结合若干城市节水试点得出数据，我国城市单位节水投入约为 10 元/m³，到 2020 年，我国城市节水年均规模约为 148 亿元。

四、水污染治理、水环境修复潜力和市场规模

如前所述，运用 WSMC 可以有效吸引社会资本进入水污染治理和水环境修复领域。如国泰节水公司及其股东单位在四川、天津等地进行的试点取得了圆满成功，说明 WSMC 是一个适合水污染治理、水环境修复领域的投资模式和商业模式。治理水污染、修复水环境同样是节水。所以，计算节水服务产业市场规模离不开治理水污染、修复水环境带来的节水市场潜力。

"十三五规划"明确规定，到 2020 年，我国地表水质量达到或好于Ⅲ类的水体比例由 2015 年的 66% 提高到大于 70%；劣于Ⅴ类水体比例从 2015 年的 9.7% 减少到小于 5%（见表 7-1）。

表 7-1　　　"十三五"时期经济社会发展主要指标

指标	2015 年	2020 年	年均增速	属性
经济发展				
（1）国内生产总值（GDP）/万亿元	67.7	＞92.7	＞6.5%	预期性
（2）全员劳动生产率/（万元/人）	8.7	＞12	＞6.5%	预期性

指标		2015 年	2020 年	年均增速	属性
经济发展					
（3）城镇化率	常住人口城镇化率/%	56.1	60	［3.9］	预期性
	户籍人口城镇化率%	39.9	45	［5.1］	
（4）服务业增加值比重/%		50.5	56	［5.5］	预期性
创新驱动					
（5）研究与试验发展经费投入强度/%		2.1	2.5	［0.4］	预期性
（6）每万人口发明专利拥有量/件		6.3	12	［5.7］	预期性
（7）科技进步贡献率/%		55.3	60	［4.7］	预期性
（8）互联网普及率	固定宽带家庭普及率	40	70	［30］	预期性
	移动宽带用户普及率	57	85	［28］	
民生福祉					
（9）居民人均可支配收入增长/%		—	—	＞6.5	预期性
（10）劳动年龄人口平均受教育年限/a		10.23	10.8	［0.57］	约束性
（11）城镇新增就业人数/万人		—	—	［＞5000］	预期性
（12）农村贫困人口脱贫/万人		—	—	［5575］	约束性
（13）基本养老保险参保率/%		82	90	［8］	预期性
（14）城镇棚户区住房改造/万套		—	—	［2000］	约束性
（15）人均预期寿命/岁		—	—	［1］	预期性
资源环境					
（16）耕地保有量/亿亩		18.65	18.65	［0］	约束性
（17）新增建设用地规模/万亩		—	—	［＜3256］	约束性
（18）万元 GDP 用水量下降/%		—	—	［23］	约束性
（19）单位 GDP 能源水泵降低/%		—	—	［15］	约束性
（20）非化石能源占一次能源消费比重/%		12	15	［3］	约束性
（21）单位 GDP 二氧化碳排放降低/%		—	—	［18］	约束性
（22）森林发展	森林覆盖率/%	21.66	23.04	［1.38］	约束性
	森林蓄积量/亿 m³	151	165	［14］	

续表

指标		2015 年	2020 年	年均增速	属性
资源环境					
（23）空气质量	地级及以上城市空气质量优良天数比率/%	76.7	＞80	—	约束性
	细颗粒物（PM 2.5）未达标地级及以上城市浓度下降/%	—	—	[18]	
（24）地表水质量	达到或好于Ⅲ类水体比例/%	66	＞70	—	约束性
	劣Ⅴ类水体比例/%	9.7	＜5	—	
（25）主要污染物排放总量减少/%	化学需氧量	—	—	[10]	约束性
	氨氮			[10]	
	二氧化硫			[15]	
	氮氧化物			[15]	

注 1.GDP、全员劳动生产率增速按可比价计算，绝对数按 2015 年不变价计算。

2.［ ］内为 5 年累计数。

3.PM2.5 未达标指年均值超过 35$\mu g/m^3$。

地表水通常包括河流湖泊水体。根据《2014 年中国水资源公报》数据，2014 年对全国 21.6 万 km 的河流水质状况进行评价，劣于Ⅳ类水质的河长共有 5.87 万 km。对全国开发利用程度较高和面积较大的 121 个主要湖泊共 2.9 万 km² 水面进行了水质评价，劣于Ⅳ类水以上的湖泊 83 个，占 67.76 ％。❶ 换句话说，要在 2020 年达到规划约束性指标，就意味着需要对被污染的 8640km 河段和 1.06 万 km² 湖泊的水体进行治理，根据国泰节水公司及其股东已经完成的河流水污染治理和水库水质经验数据，被污染的河段从劣Ⅳ类以上水体水质要提升为达到或好于Ⅲ类水体需要治理费用 384 万元/km，完成"十三五规划"的限制性指标所要求的河流水体水质需要一次性投入治理费用 332 亿元；被污染的水库水质从劣于Ⅳ类提升到达到或好于Ⅲ类水体需要治理费用 635

❶ 第一，笔者不掌握未纳入评价的河流湖泊水体水质情况，只能以已经被评价的这些河流湖泊水质作为依据进行初步分析；第二，笔者没有 2015 年评价河流湖泊水体水质情况，只能以 2014 年数据进行代替分析。

万元/km²， 完成"十三五规划"的限制性指标所要求的湖泊水体水质需要一次性投入治理费用 673 亿元。初步估算，到 2020 年，运用 WSMC 开展河流湖泊的水污染治理的市场规模最少达到 1000 亿元以上❷。保守估计，通过 WSMC 模式提供河流湖泊水污染治理市场规模年均超过 200 亿元。

五、节水服务产业市场规模和贡献

综上所述，按照最严格水资源管理制度、"十三五规划""水十条"要求，未来 5 年，我国节水服务产业年均市场规模 1360 亿元。其中，农业节水 430 亿元、工业节水 580 亿元、城镇生活节水 148 亿元、水污染治理 200 亿元。根据环保投资对 GDP 的投资乘数（1.4）测算，1360 亿元的投资规模将拉动近 2000 亿元的 GDP❸。如根据水利管理业的投资乘数（5.531）测算，则 1360 亿元的投资规模将拉动近 7500 亿元的 GDP。

第二节 发展节水服务产业的政策支持

节水服务产业具有正外部性的产业特征，若完全听凭市场机制发挥作用，节水服务的实际供给会低于社会最优的产出水平。因此，政府有必要进行干预，采取有效的途径解决外部性问题，纠正节水服务产业发

---

❶ 由于管理环境的不同，湖泊水质提升要比水库水质提升的难度大很多，本书以水库水质提升投入替代湖泊水质提升投入只是为 WSMC 运用于水污染治理领域测算最基本的市场容量。

❷ 以上数据为一次性强制提升水质的费用，不包括污水管网建设、河道综合整治、污水处理厂建设和水质保持费用。

❸ 据中国环境规划院课题组研究，我国"十二五"环保投资约为 3.1 万亿元，占同期 GDP 的 1.35%，环保产业产值为 4.92 万亿元，仅治理设施运行服务费用 1.05 万亿元，占比 33.8%。环保产业就业 512 万人。环保投资对 GDP 的投资乘数约为 1.4。如以此乘数测算，每年的节水直接投入可拉动 1900 亿元 GDP。详见王金南等《国家"十二五"环保产业预测及政策分析》，中国环境出版社，2010 年 10 月。

展动力不足的问题。通过政府出台重要的政策措施来解决外部性问题是最直接、最有效的一个途径。

一、政策支持的必要性

（一）政策支持的理论依据

如本书第一章所述，节水产生正外部效益，节水服务具有公共产品特征。之所以节水能够产生外部经济性，是因为推行 WSMC、发展节水服务产业可以从源头上节水减污，能使广大民众和全社会在节水减污、解决水资源短缺、改善生态环境中获得收益而不用付费。换句话说，节水及节水服务产生了外部经济。另外，为经济社会发展提供可持续的、良好的水资源、水环境等公共产品，政府负有不可推卸的责任。而节水及节水服务对于水资源、水环境的可持续利用和经济社会可持续发展具有重要贡献，本身带有典型的公共产品特征。所以，根据外部性理论，在完全竞争市场条件下，单纯依靠私人活动来提供节水服务这种带有正外部性特征的公共产品，其供给水平常常要低于社会所要求的最优水平。如图 7-1 所示，图中 Q 为节水服务产量，PCR 为边际成本与边际收益，节水服务商开展 WSMC，节水服务产生了节水减污、改善环境的正外部性，但 WSCO 的私人边际收益（MPR）却小于边际社会收益（MSR），两者的差额为边际外部收益（MER），根据边际收益等于边际成本的原则，整个节水服务产业实际所提供的节水服务产量 Q_P 小于社会最优生产量 Q_S，即在没有政府政策支持下，WSCO 提供的节水服务生产不能满足社会对节水服务的需求。这样，从社会总福利的角度来看，资源配置出现低效率状态，帕累托最优没有实现，政府为经济社会发展提供可持续的、良好的水资源、水环境等公共产品供给不足。在这种情况下，政府应该对节水服务提供政策性支持，以消除外部性对成本和收益差别的影响，使私人成本和私人利益与相应的社会成本和社会收益相等，最终使资源配置达到帕累托最优状态。这是政府采取支持性政策措施推行 WSMC 的依据。

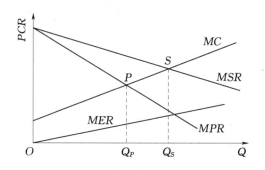

图 7-1　节水服务外部性示意图

（二）政策支持的现实依据

（1）中央的号召、国家的战略需要政策支持。节水服务产业是一个跨产业、跨领域、跨地域，与其他经济部门相互交叉、相互渗透的综合性新兴产业，与其他服务业一起，是未来我国国民经济发展的朝阳产业。特别是中央新时期水利工作方针《中共中央关于制定国民经济和社会发展第十三个五年规划的建议》《中华人民共和国国民经济和社会发展第十三个五年规划纲要》对节水工作的布署安排，均彰显了最高决策层对节水工作的重视，体现了国家对现实水资源、水环境、水生态问题的高度关注和清醒认识，为各级政府出台促进节水服务产业发展支持政策提供了根本依据。所以，必须尽快出台有利于节水服务产业发展政策。

（2）水资源、水环境、水生态的现状不容乐观。从执政党的地位和讲政治的高度看，政府必须为全体公民提供满足生产生活需要的资源和生态环境等公共产品。如前所述，我国的水资源赋存与生产力布局不相匹配，农业干旱缺水与农业用水低效率并存，城乡用水矛盾日益突出与工业用水效率不高并存，城市缺水、地下水超采与城市生活用水浪费严重并存，水环境承载能力严重超负荷，江河湖泊水污染严重，地下水污染日趋严重，水生态伤害不断显现特别是地下水漏斗、地面沉降、海水入侵、河湖萎缩、湿地干枯等问题日趋严重。这些问题的存在一方面严重影响了我国水资源安全、水生态安全和环境安全，另一方面也说明了我国水资源、水环境、水生态公共产品供给不足。而节水则是增加相关公共产品供给的有效手段。当前我国节水服务产业规模太小、发展滞后、产能严重不足，不能满足我国生态文明建设的现实需要。所以，政府必须出台支持节水服务产业发展相关政策，加快节水服务产业发展，解决我国水资源、水环境、水生态方面的这些严峻问题。这是政府尽快出台加快节水服务产业支持政策的现实依据。

（3）节水服务产业发展亟须良好的市场环境。如前所述，当前我国节水事业发展面临的市场环境亟待完善，如节水约束不到位、节水标准体系不完善、节水倒逼机制尚未形成、水价改革不到位、节水市场不发育、用水总量控制尚未落到实处、国家节水技术创新体系尚未建立、先进实用节水技术推广机制亟待完善、政府节水产品强制性采购和优先采购制度尚未建立、节水服务企业信用体系建设还处于空白状态、税收支持政策缺位、金融信贷政策支持缺位、财政支出政策还需进一步完善等。节水服务的正外部性决定了节水服务产业发展需要政府通过政策支持提供较好的发展环境。当前我国政府正处于深刻的治道变革转型之中，这种深刻变革的目的是回归政府职能本色，为社会创造一个自由、公平、法治、公正的发展环境，回到政府"守夜人"的角色，真正处理好政府和市场的关系，使市场在资源配置中起决定性作用和更好发挥政府作用。从经济学角度看，政府职能主要包括两个方面：一是解决市场失灵。二是促进社会公平。具体说有三个层次职能：首先是为全社会民众提供国防、公共安全、财产保护、法律与秩序、宏观管理、公共医疗等公共产品；其次是解决外部效应，为社会发展提供基础设施、环境保护等。三是协调社会私人活动，主要是促进市场发育、诱导控制私人经济活动、资源流动及优化经济结构等。具体到节水型社会建设、节水事业发展和节水服务产业培育来讲，究竟应该继续由政府直接主导、亲历亲为建设节水型社会，发展节水事业，还是为市场主体提供有力的支持政策和良好的发展环境，通过发展节水服务产业来推动节水型社会建设和节水事业发展，答案肯定是后者。所以，加快完善这些有利于节水服务产业发展的发展政策、发展环境既是政府的义务，也是政府的责任和现实的需要。

二、加强节水法律法规制度建设

如表 7-1 所示，"十三五规划纲要"明确的"十三五"时期经济社会发展主要指标共有 25 项，其中预期性指标 12 项，约束性指标 13 项。在 13 项约束性指标中，对改善资源环境有明确要求的约束性指标 10 项，其中与水有关的约束性指标 4 项，涉及万元 GDP 用水量下降、单位 GDP 能源消耗量降低、地表水质量、主要污染物排放总量减少等，这些约束性指标形成了促进节水、转变经济发展方式的倒逼机制。所以，当务之急必须将节水减污从号召、劝导和鼓励逐步转向依法强制执行的硬性要求。具体来说，要以强制性立法推动企业节水减污，同时设立激励、奖惩机制，加大企业节水改造的内生动力。目前，最严格水资源管理制度已经逐步落实，以"三条红线"控制指标为基础，将相关指标分解到地区、行业甚至企业，同时在省界（地、市行政边界）断面和入河排污口等关键部位完善计量设施、加强监控和监测，初步具备了对不能完成节水减污指标要求的高耗水行业、高耗水重点企业和高耗水服务业执行惩罚性政策的技术手段。随着最严格水资源管理制度不断落实，通过法律强制节水的技术手段和制度环境已经具备。所以，国家要尽快出台《中华人民共和国节水法》，为我国节水工作走向法制化轨道提供有效的制度环境。

三、支持节水服务产业发展的产业政策

产业政策是政府为了实现一定的经济和社会目标而对某个产业的形成和发展进行干预的各种政策的总和。产业政策的功能主要是弥补市场缺陷、有效配置资源、促进幼小产业成长。产业政策影响和干预的对象是产业，而产业是社会总供给的基本来源。因此，要从供给侧解决节水服务产业发展的问题，需要研究制定节水服务产业政策。

（1）节水服务产业政策的重要性、必要性。节水服务产业发展必须依靠市场机制，即通过价值规律的作用引导、配置社会资源用于节水服务产业发展。众所周知，市场经济主体具有典型的经济人特性，追求经

济利益最大化是价值规律发生作用的前提和基础，由于经济人理性的有限性，市场主体对自身利益追求和市场状况的自我判断容易产生重视眼前、忽视长远，偏好短期项目、不看好回收期长、风险大的项目等行为。因此，节水服务产业这种回收期长、风险大的项目就成为经济发展中的短板，必然导致市场供给不足。当然，在价值规律的作用下，市场会强制性增加节水服务供给，恢复资源配置的相对平衡，但这种恢复和平衡是以产业发展的损失为代价的。而制定节水服务产业政策的意义就在于能够最大程度减少这种损失。因为节水服务产业政策通过提供财政、税收、信贷、准入等鼓励和限制的形式向市场发出信号，节水技术、产品和节水服务是社会现在或以后可能短缺的，从未来发展状况和经济利益上引导市场经营主体进入节水服务产业，实现补足节水服务短板，规范节水市场发展的目标。

（2）节水服务产业政策的主要任务。如前所述，我国节水服务产业面临重大发展机遇，随着中央五大发展理念和生态文明建设的深入贯彻落实，我国必将形成巨大的节水服务市场。但是，尽管前景乐观，但我们面临的困难、问题和挑战仍然十分复杂艰巨。一是节水服务产业政策缺位。尽管我国有关节水的法律、法规和政策出台不少，但总体上看，与节水服务产业相关的政策过于分散，不够系统，部分政策还没有形成具体的实施细则、落实措施，短期内难以对市场起到刺激作用。二是节水产品、技术和服务行业标准、规范条例建设滞后，部分优惠政策落实不到位，节水服务企业受制于政策、资金、技术和人才等瓶颈制约严重。三是节水服务市场化程度不够高。节水事业长期靠政府的发展思路导致节水产业还未真正市场化，完全由政府主导节水事业发展使民间资本较难介入，对社会资本造成挤出效应。四是节水研发投入不足导致技术创新能力不足，先进实用节水技术和产品供给不足。总体上看，尽管我国节水企业数千家，但专注于提供节水服务的企业非常少，整个节水产业集中度较低，产业综合竞争力和核心竞争力尚未有效形成。

因此，国家要尽快出台推动我国节水服务产业发展的产业政策，集中解决节水产业发展的政策问题。一是阐明中央态度，描绘发展方向，统一政府、市场和社会认识；二是梳理整合分散在众多政策中有关节水和节水服务发展的政策要点，在尊重市场规律的基础上进一步理顺、衔接和整合，使分散的优惠政策集中发挥作用，同时，进一步细化、实化配套措施，提高相关政策的可操作性，使已有的政策集中发力，成为引导、促进节水服务产业发展的利器；三是针对我国法律法规、财政税收、金融信贷、民间资本、互联网、大数据、云计算等新技术的广泛运用和节水服务市场的新环境、新特点、新问题，出台针对性更强、更有效的政策措施，引导社会资本广泛进入节水服务产业；四是加强节水服务市场环境建设，为广大用水户主动节水，实现产品结构调整和生产转型提供有约束力的倒逼机制；五是健全完善节水及节水服务标准体系，为规范有序发展节水服务市场提供技术基础；六是引导社会资源投入节水服务主体建设、节水技术研发推广，广泛吸引人才、资金并解决技术创新能力不足、先进实用节水技术和产品供给不足等问题。

（3）节水服务产业政策主要框架。根据笔者对节水服务产业发展的初步认识，我国的节水服务产业政策主要框架应该包含以下部分：一是总体要求。主要是阐明中央态度、明确发展原则、制定发展目标。二是发展的重点领域和主要途径。主要是提出以 WSMC 模式为主要手段，优先要解决哪些领域的节水减污问题。三是主要任务。健全完善节水标准体系，强化节水约束；推进水价改革，培育水市场；壮大节水服务企业，搭建节水服务平台；创新技术推广模式，提升科技节水能力；创建节水示范工程，强化典型示范引领；营造行业发展环境，加强节水市场监管等加快未来节水服务产业发展的重点工作。四是政策措施和组织保障。如改善融资环境，加强财税支持、工作机制和组织领导等。有关部分的详细内容在以下章节展开表述。

四、支持节水服务产业发展的财税政策

财税政策是国家鼓励节水服务产业发展的重要工具。要充分运用财税政策的激励引导作用，支持和引导社会资源加快节水服务产业发展。现阶段应按照党中央五大发展理念要求，坚持绿色发展，进一步转变财政支持经济发展的方式，将节水及节水服务产业发展纳入绿色发展总体规划中，有效整合财政资金，加大对节水、节水服务产业、水环境治理和水生态保护等领域的财政支持力度。围绕加快生态文明建设的总目标。尽快制定和完善能有效促进节水服务产业发展的财税政策。

节水的正外部性可以带给其他经济主体利益，节水的正外部性不能完全通过市场价格反映出来，因此，单纯依靠市场自身调节不能促进节水事业的长远发展。税收政策具有弥补"市场失灵"，促进资源有效配置的功能。税收促进节水的作用机制主要体现在激励和约束两个方面：一是通过加大对节水服务产业的税收优惠，降低节水器具、技术、工艺和改造成本，有利于提高 WSCO 的积极性，实现节水减污的目标；二是通过征收税费，提高企业浪费用水和超标排污的成本，形成节水倒逼机制。当缴纳的税费高于企业用水成本时，企业自然就会选择节水技术改造，主动开展节水减污工作。

（1）设立合同节水管理中央财政专项资金，支持 WSMC 示范项目建设。从当前中央财政收支状况上看，要在原有的财政专项中开设新项目很难。但是，WSMC 既是利国利民的大好事，也是一件刚刚崭露头角的新生事物，再加上节水服务产业属于新兴产业，政策、制度建设尚不完善，实践中存在各种困难，如社会认知程度还不够高、市场诚信环境仍不容乐观等，推行和发展十分困难，亟须政府重要部门的明确态度和具体支持，设立中央财政专项体现的并不是财政部门拿出多少钱，而是国家财政部门对节水工作的明确态度，符合用好财政存量资源，引导社会资源进入节水服务领域的改革方向。具体的财政鼓励政策主要有以下几方面：一是将实施节水改造费用列入公共机构的预算和采购，以提高公共机构开展 WSMC 的积极性，发挥政府及公共机构的导向作用；二是中央和有条件的地方政府安排节水改造专项资金，并设置或委托相应的运作机构，开展 WSMC 的试点示范，对实施 WSMC 的公共机构和企业给予资金补助或奖励；三是政府拿出部分财政资金支持节水金融创新，鼓励银行等金融机构积极参与 WSMC 项目，通过创新节水信贷产品，开发与 WSMC 相关联的金融衍生品，如期货、现货、节水基金、节水贷等，更好地为 WSCO 提供融资支持。

（2）制定、完善和落实节水器具推广财政补贴政策。财政补贴是政府转移支付的重要内容，是对生产和消费群体的正面引导，是鼓励广大民众采用节水器具的有利工具。这一点在国内外节能产品推广中已经取得巨大成功。我国有关节水器具财政补贴政策已经出台多年，对购置使用符合节水标准的水嘴、坐便器、淋浴器等的用水户也有补助、奖励的相关规定，由于这些政策规定分散在其他政策之中，针对性不强，可操作性较差，直接影响了财政补贴对先进实用节水器具的推广效果。必须尽快制定和完善针对性强、易落实、好操作的节水器具推广财政补贴政策，鼓励全社会广泛运用先进实用节水技术、节水器具，真正落实中央节水优先水利工作方针。

（3）比照执行合同能源管理（EPC）财税金融政策。从欧美发达国家的节能服务产业发展历程和我国 EPC 发展经验来看，政府政策对节能服务市场的发展起到重要的推动作用。我国政府非常重视合同能源管理的发展，自 1997 年引入 EPC 以来，我国政府发布了一系列加快推行合同能源管理的决定，在财政、税收、会计和信贷等方面给予节能服务项目以扶持和优惠，鼓励全社会广泛开展节能活动，极大地促进了节能服务产业的发展。如财政部《节能减排补助资金管理暂行办法》（财建〔2015〕161 号）、《国务院关于加快发展节能环保产业的意见》（国发〔2013〕30 号）、国务院办公厅《关于加快推行合同能源管理促进节能服务产业发展的意见》（国办发〔2010〕25 号）、财政部《高效照明产品推广财政补贴资金管理暂行办法》（财建〔2007〕1027 号）等；有关税务优惠政策，如《财政部 国家税务总局关于在全国开展交通运输业和部分现代服务业营业税改征增值税试点税收政策的通知》（财税〔2013〕37 号）、国家税务总局、国家发展改革委《关于落实节能服务企业合同能源管理项目企业所得税优惠政策有关征收管理问题的公告》（国家税务总局 国家发展改革委公告 2013 年第 77 号）、《财政部 国家税务总局关于公共基础设施项目和环境保护节能节水项目企业所得税优惠政策问题的通知》（财税〔2012〕10 号）、《关于促进节能服务产业发展增值税营业税和企业所得税政策问题的通知》（财税〔2010〕110号）、国家税务总局《关于环境保护节能节水安全生产等专用设备投资抵免企业所得税有关问题的通知》（国税函〔2010〕256号）、财政部《关于执行环境保护专用设备企业所得税优惠目录节能节水专用设备企业所得税优惠》（财税〔2008〕48号）等；有关金融支持政策，如《国务院关于创新重点领域投融资机制鼓励社会投资的指导意见》（国发〔2014〕60号）、国务院办公厅《关于在公共服务领域推广政府和社会资本合作模式的指导意见》（国办发〔2015〕42号）等。节水服务本质上与节能服务是相同的，在技术上更为复杂，节水服务产生的正外部性要远大于节能服务，所以，中央政府给予WSMC项目享受与EPC项目一样的财政、税收、金融等政策优惠是有充足依据的。

（4）加快建立政府支持的WSMC融资担保体系。一是设立国家融资担保基金。加快落实《国务院关于促进融资担保行业加快发展的意见》（国发〔2015〕43号）精神，尽快建成全国统一的政府性融资担保体系，将WSMC纳入政府支持的融资担保和再担保机构支持范围。二是探索建立政府引领的WSMC专项融资担保制度。鼓励有条件的地方以财政资金为引领，吸引社会资本广泛参与，设立WSMC融资担保资金，建立政府、银行、担保三方参与的合作模式。三是探索政府参与的WSMC专项融资担保基金。鼓励有条件的地方政府投融资平台和财政资金参与金融资本、民间资本、创业与私募股权基金等社会资本设立的WSMC专项担保基金，为WSMC项目提供融资担保。

五、支持节水服务产业发展的金融政策

（1）加快建立银行绿色评级制度。将WSMC项目融资纳入绿色信贷支持范围，提高商业贷款在WSMC项目投资总额中所占的比例，延长WSMC专项贷款期限，给予优惠利率。

（2）建立工业企业节水技术改造专项贷款制度。国家要制定政策鼓励开发性和政策性银行为公共机构、工业企业等用水户采用WSMC实施节水技术改造提供中长期信贷支持和优惠贷款，其利率要低于基准利率。有条件的地方可由政府财政给予贴息。

（3）建立未来收益权质押融资制度。一是鼓励商业银行对已建成运营并形成正常现金流的项目，可采用项目未来收益权质押的方式，发放贷款解决 WSMC 项目融资需求；二是对于拟建项目可以未来收益权进行质押，发行项目收益票据等方式解决中长期资金需求；三是引导商业保险机构开发 WSMC 信用保险产品，引导保险机构建立 WSMC 风险分担机制。

六、支持节水服务产业发展的价格政策

水价是调节水供求关系、保护水资源、促进节约用水的一种有效手段，大量的事实证明，水价在一定的区间内可以有效减少浪费用水现象，特别是对于特殊行业和工业用水节水效果更明显。对于加快节水服务产业发展来讲，加快推动水价改革是形成节水倒逼机制的重要举措。

（1）稳步推进农业水价综合改革，为运用 WSMC 机制开展农业节水提供制度基础。如前所述，我国农业用水占比 65％左右，既是用水大户，也是用水效率较低，用水浪费现象比较普遍的领域。究其原因，既有计量手段缺乏、农田水利基础设施落后等技术原因和农民用水户认识不到位等基础性问题，也有农业水价偏低的制度性因素。加快推动我国农业节水工作必须同时解决这些问题，即加快农田水利基础设施建设和推行农业水价改革。由于农业水价改革滞后，水价太低，社会资本基本没有进入农业节水领域，目前几乎所有的农田水利基础设施建设基本上由国家投入。因此，要加快我国农业节水步伐，必须加快推行农业水价综合改革。要按照《国务院办公厅关于推进农业水价综合改革的意见》（国办发〔2016〕2 号）精神，稳步推进农业水价综合改革，建立健全合理反映供水成本、有利于节水和农田水利长效运行的农业水价形成机制。只有农业水价改革基本到位，社会资本才会大规模进入农业节水领域，农业用水效率低的现状才会有根本的改观。

（2）全面深化城市水价改革。一是全面实行城镇居民阶梯水价制度。促进城镇居民提高节水意识，激发自主节水的动力。二是加快实施

非居民用水超计划超定额累进加价制度。结合最严格水资源管理制度的贯彻落实，细化实化用水指标，严格用水定额管理和计划管理，将非居民用水阶梯水价制度落实到位，形成用水户主动节水的倒逼机制。三是加快特殊行业用水水价改革。对水资源紧缺和水资源水环境承载能力脆弱的地区要通过加快特殊行业水价改革，提高水价来倒逼特殊行业和高耗水行业用水户进行转型升级和节水改造。

（3）积极培育水权交易市场。水权交易是提高水资源利用效益和效率的有效手段。国家要尽快制定出台水权交易相关制度，鼓励用水户通过市场机制获得节水效益，提高用水户节水改造的积极性。国家要加快建立和完善我国水权制度，鼓励用水户因地制宜探索多种形式的水权交易，支持通过实施 WSMC 取得节水量参与水权交易。

七、支持节水服务产业发展的政府采购政策

政府采购是指各级国家机关、事业单位和团体使用财政性资金，以公开招标的方式，从国内外市场上购买依法制定的集中采购目录以内的或者采购限额标准以上的商品、工程和服务的行为。政府采购具有额度大、采购范围覆盖广以及体现政府行为等特点，对整个社会的生产、生活和消费模式产生着极为深刻的影响。政府采购是公共财政体制的一部分，通过政府采购，一方面使政府有效利用财政资金，获得更廉价、更好的商品和服务；另一方面可以通过政府采购实施倾斜性的财政政策，起到引导市场行为的作用。目前，世界上许多国家都将政府采购制度作为扶持产业发展的重要措施广泛运用。

（1）建立实施政府节水器具优先采购制度。通过建立政府采购节水器具优先制度，既可以促使生产者提高研发和生产节水器具的积极性，引导社会资本进入节水领域，促进节水服务产业发展，又能引领和培育全体公民树立节水意识，自觉节约用水。

（2）建立节水器具水效管理和节水产品认证制度。一是通过加大节水器具水效管理和节水产品认证力度，全面落实节水要求；二是通过水效标志产品和节水认证产品政府采购优先的制度，提高节水产品生产企

业的市场竞争力；三是有利于今后加强节水执法检查。随着节水作为约束性指标纳入政绩考核内容，政府水行政主管部门必定要严格水资源管理，加强节水执法检查，建立水效管理制度和节水产品认证制度，为今后节水执法检查奠定基础。

（3）建立政府节水产品采购清单制度。政府公共工程和装修工程是政府采购的重点内容，国家有关部门要建立政府节水产品采购清单制度，定期发布节水产品采购清单，全面提高政府公共工程和装修工程节水产品采购比例。这是政府带头践行节水优先的重要行动，也是促进节水型社会建设的有力举措。

（4）建立节水产品的集中供货制度。政府采购中的集中供货制度，是指通过一次性的公开招标方式确定一段时期内具有共同需要的政府采购项目的规格、价格、售后服务等标准，并确定相应的产品和供应商。目前，这种集中供货方式在我国政府采购中运用比较普遍。中央政府应该尽快建立节水产品集中供货制度，对于政府公共工程和装修工程中使用量较大的节水器具要坚决采用协议采购或集中供货。既可以提高政府采购效率，降低采购过程中的成本，也能通过政府采购的政策措施鼓励节水产品生产者和节水服务商加大节水产品的研制和开发力度，扩大节水产品的市场份额，吸引更多的社会资本和企业进入节水领域。

第三节　节水服务市场培育

推行 WSMC、促进节水服务产业发展，必须要培育规范自律的节水服务市场。我国的节水服务市场仍处于发展初期阶段，在此阶段，激发市场活力要靠政府的政策法规驱动，未来要坚持突出市场导向和政府引导并重的方向，才能充分发挥市场配置资源的基础性作用，驱动潜在节水服务需求转化为现实的节水服务市场。

一、加快培育节水服务企业

节水服务主体是节水服务产业发展的主要实施者。大力发展节水服务产业首先要培育壮大节水服务企业。要鼓励具有节水核心技术的公司及社会资本组建具有较强竞争力的节水服务企业，要充分发挥区域水利（水务）投融资平台资金、技术和管理优势，通过转型、重组、整合等方式积极搭建合同节水管理实施主体，努力造就一批具有竞争力的大型现代化节水服务企业集团。

二、加快建设节水服务产业支撑平台

节水服务市场发展需要加快建设若干支撑平台。一是要鼓励运用互联网＋合同节水管理等方式，构建集节水信息发布、节水技术集成、节水产品推广、节水政策咨询等于一体的节水服务平台。二是要探索建设社会资本融资平台，大胆创新运用互联网＋产业链供应链金融方式解决WSMC项目融资问题。三是要积极搭建国家、产业和WSCO层面的节水技术集成创新平台。充分发挥国家科技重大专项、科技计划专项资金等的作用，支持科技型企业牵头节水治污科技项目等关键技术攻关。鼓励发展一批由骨干企业主导、产学研用紧密结合的节水服务产业技术创新联盟。集成推广节水、城市雨水收集利用、再生水回用、水污染治理与循环利用、水生态修复等先进实用节水技术和装备，全面提升节水产品科技含量和节水工艺、装备水平。四是要进一步完善节水技术推广模式，充分发挥国家科技推广服务体系的重要作用，积极开展节水技术、节水产品和节水前沿技术的评估、推荐等服务，及时制定国家鼓励和淘汰的节水技术、工艺、产品、设备目录。

三、强化节水监管制度实施

要尽快形成有利于节水服务市场发展的外部环境。一是进一步落实最严格水资源管理制度、水资源消耗总量和强度双控制度。严格用水监督检查。二要加快节水法律法规制度体系建设。要把节水纳入法制化轨道，尽快制定水效管理、节水产品认证等制度，全面落实节水要求。三是加强农业、工业等取水计量设施建设，完善用水计量监控体系。要充分依托现有的国家和社会检测资源，提升节水技术产品检测能力，为严

格用水管理提供技术支持。四是要建立节水考核机制，落实节水责任，严格节水目标考核，强化用水约束。五是要严格实行节水服务市场准入负面清单制度，依法查处生产和经销假冒伪劣节水产品的违法行为。

四、加强节水服务行业自律机制建设

任何一个产业要实现可持续发展，在产业形成初期就要坚持规范自律。一是要鼓励和引导节水服务企业依法成立行业组织，制定节水服务行业公约，建立行业自律机制，提高节水服务行业整体水平。二是要鼓励节水服务行业的龙头企业、领跑者、设备供应商、投资机构、科研院所成立节水服务产业联盟，促进节水服务产业链发展。三是加强节水服务企业信用体系建设。建立节水市场主体信用记录数据库，探索建立诚实守信市场主体奖励制度和严重失信市场主体惩戒制度。利用市场力量引导节水服务行业市场主体加强自律，推动节水服务产业有序发展。

第八章 公共机构 WSMC 操作流程

如前所述，WSMC 是个新鲜事物，为了便于读者更好地运用WSMC 开展节水技术改造，笔者归纳整理了公共机构（高校及住宿中专）WSMC 操作流程，如图 8-1 所示，供实际操作中参考使用。❶

根据发起者不同，运用 WSMC 实施节水技术改造项目的基本流程通常分为两种：一种是由用水户发起的流程，另一种是由 WSCO 发起的流程。本流程是指由 WSCO 发起进行的业务流程。由于本书出版之前国家关于 WSMC 市场准入和 WSCO 资格管理规定尚未出台，现阶段运用 WSMC 对公共机构进行节水技术改造，建议可以按照试点示范项目采用协议方式确定 WSCO。或者采用竞争性谈判或单一来源采购方式确定 WSCO。本节主要讨论的是按照试点示范项目采用协议方式开展 WSMC 的基本流程。

一、项目发起

项目发起主要是广泛了解并激发用水户节水技术改造需求。

（一）了解需求

节水技术改造需求是开展 WSMC 的前提。无论是因为国家实行最严格水资源管理制度的大势所趋，是建设美丽中国、治理水污染、改善生态环境的政治需要，是地方政府实行了强制性的用水定额指标，是采取最严厉的监管制度而不能偷采地下水，还是为了节省水费支出降低生产成本的现实考虑等，用水户都有可能产生开展节水技术改造的意向。

---

❶ 本流程是在河北工程大学节水技术改造案例基础上归纳总结形成的，基础数据由徐睿提供。

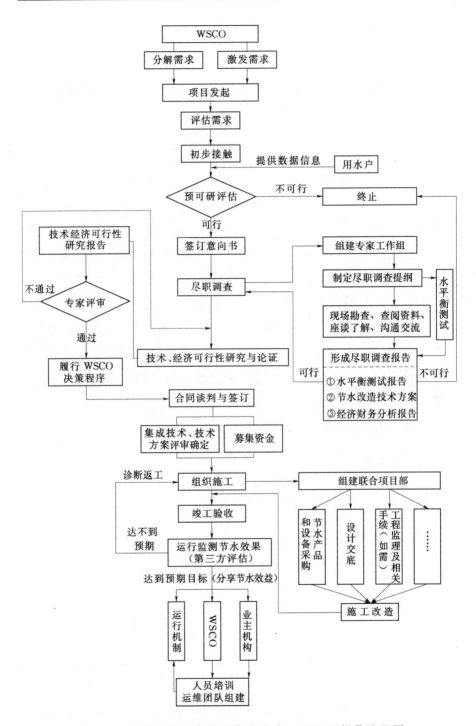

图8-1 公共机构（高校及住宿中专）WSMC操作流程图

而了解用水户节水技术改造意图通常有四条途径：一是互联网信息网站，如合同节水管理交易平台；二是地方节水行政主管部门，如各地的节水办公室；三是节水技术企业和节水企业联合组织；四是高耗水、高污染、高排放的行业协会等。

（二）激发用水户节水技术改造欲望

广泛宣传运用 WSMC 进行节水技术改造的优势非常重要。对于用水户要对其讲清楚运用 WSMC 进行节水技术改造用水户所承担的风险趋于零，实施过程中所有风险基本都由 WSCO 承担，改造不增加用水户的贷款额度，改造所有的工作全部由 WSCO 负责，项目合同期节水效益分享，项目有效寿命期节水效益大部分归用水户等等。对于政府部门要特殊强调通过大规模引进社会资本来替代未来的公共预算进行水污染治理、水环境修复的重要性、必要性和可行性。具体可根据各地不同情况动员新闻媒体、水行政主管部门、节约用水主管机构采取有针对性措施，如现场会、推介会、走访用水户、互联网平台等开展宣传推广工作，最大程度激发用水户（地方政府）采用 WSMC 进行节水技术改造和水污染、水环境治理的欲望。

总之，了解和激发用水户节水技术改造需求是开展 WSMC 的第一步。

二、评估需求

根据业务发起环节所了解到的节水技术改造的需求，可进行初步接触，进入预可行性论证程序。

（一）初步接触

根据掌握的市场需求信息，WSCO 要尽快与意向节水改造的公共机构进行初步接触和洽谈，探讨运用 WSMC 对该单位进行节水改造的意向，进一步掌握相关信息、资料和数据。

（二）预可行性论证

在基本掌握该机构进行节水技术改造所需的数据和资料时，要组织由高层管理人员、技术人员、财务人员和法律人员组成专题工作团队，收集用水户的用水现状相关信息（用水状况、工艺设备技术、用水成本费用、预计的节水量等），研究提出是否具备运用 WSMC 进行节水改造的初步意见。

三、签订意向书

当预可行性论证结论支持运用 WSMC 开展节水技术改造时，可以要求签订合作意向，意向书工作深度必须达到能够进场开展尽职调查。特别要明确开展尽职调查需要用水户提供支持和协助的关键问题，为下一步进行尽职调查提供依据和便利。

四、开展尽职调查

（一）组织技术专家组进场

技术专家组可以是预可研的专题工作团队原班人马，也可以是新组建团队，具体操作可视情况不同而定。本阶段要完成现场踏勘、查阅历史资料、召开座谈会、私下沟通交流等工作。

（二）编制专项尽职调查报告

（1）制定尽职调查提纲。尽职调查的目的是收集信息并进行分析归纳提炼。要确保尽职调查一次成功，必须根据不同性质的公共机构分类制定不同的调查提纲。

（2）编制法律尽职调查报告。法律尽职调查报告包括但不限于以下内容：公共机构基本情况（设立批文、事业单位法人营业执照、机构行政级别、主要职能、历史沿革、组织机构设置）、诉讼情况、仲裁情况、行政处罚情况（只对该公共机构存续有重大影响的事项）、房产、土地所有权、使用权、抵押担保、租赁情况等及其相关证明文件。

（3）编制水平衡测试报告。❶ 水平衡测试最基础的工作是搜集有关

---

❶ 有关水平衡测试相关工作详见第九章。

的资料、原始记录和实测数据，按照有关要求进行处理、分析和计算，形成一套完善的包括有图、表、文字材料在内的用水档案。在此基础上研究编制水平衡测试报告。水平衡测试报告是体现公共机构用水管理现状、用水设备水平高低、最大节水空间、节水关键节点的系统性、基础性研究报告。水平衡测试报告包括但不限于以下内容：给、排水管网，用水设施，仪器、仪表分布及泄漏（或完好、运行）情况；用水总量和各用水单元之间的定量关系；获取准确的实测数据，对用水现状进行合理化分析；用掌握的资料和获取的数据进行计算、分析，评价用水技术经济指标；找出薄弱环节与节水潜力，制定出切实可行的技术、管理措施和规划。

（4）编制经济财务尽职调查报告。经济财务尽职调查报告是WSMC 能否实施的前提和基础，在推行 WSMC 中占有非常重要的地位。其结论性的意见和建议直接影响到 WSMC 能不能实施。所以，经济财务尽职调查报告必须以大量的事实和财务数据作为支撑，结合经济财务专业人员的集体智慧，给予准确、客观、科学的财务分析判断结论。当然，财务尽职调查也不可能保证"万无一失"，只能在项目技术改造过程中随时保持对财务风险灵敏的感知，注重综合分析能力、才能保证最终实现预期的节水效益。经济财务尽职调查报告包括但不限于以下内容：用水户财务状况、财务管理体系、节水效益支付能力、是否存在不良信用记录、最近 3 年用水户用水情况和水费支出情况、预算和现金流量情况、实施 WSMC 可能出现的价值空间和财务风险、经营风险的管控、技术集成、项目融资、节水产品采购、施工成本控制等总体性描述、具体分析、调查结论、避险措施和工作建议。

（三）汇总编制尽职调查报告

尽职调查总报告主要回答经济技术可不可行；项目风险点分析和应对措施；资金投入概算和来源；成本控制的节点和主要措施；节水效益超预期时项目盈利或止损的边界条件和应对措施；节水技术产品来源、成本、采用标准、单位产品技术的节水量、成熟程度、市场应用情况、认证与否等事关节水技术改造能否成功的重要问题。

五、技术经济可行性研究

（一）编制节水改造技术方案

技术改造方案是在水平衡测试和尽职调查报告基础上，通过分析用水户的节水潜力及所需要进行节水改造的环节提出的技改方案。为确保节水技术改造顺利实施并产生预期的节水效益，WSCO 要积极与用水户沟通、协调，制定双方认可并切实可行的节水技术改造方案。节水技术改造方案主要应关注三个方面问题：一是节水技术水平的先进性、适用性；二是节水技术、产品、设备、工艺的可靠性和使用寿命；三是技术风险和管控措施。节水改造技术方案应包括但不限于以下内容：拟采用技术路线、各种节水技术的节水率和绝对节水量、节水产品技术先进程度、市场占有率、单位成本、替代技术产品情况、节水空间和节水效益大致幅度、预估节水技术改造工程总造价、初步判断运用 WSMC 进行节水改造的技术可行性。

（二）编制经济财务可行性研究报告

经济可行性研究是在经济财务尽职调查报告基础上开展的，不同的 WSMC 模式经济可行性研究的重点不同。

（1）节水效益分享型。重点要关注以下几个问题：一是 WSCO 自身的社会融资能力能否募集到项目改造所需的资金；二是技术改造产生的节水效益能否支付节水技术改造所投入的资本、利息和必要利润；三是支付方式对 WSCO 现金流的影响及承受能力分析；四是用水户原因（预算执行问题、财务困难、信用问题）导致延迟支付引起 WSCO 资金链风险、承受能力和应对措施。

（2）节水效果保证型和固定投资回报型。重点要关注以下问题：一是由谁支付合同款（如财政集中支付或用水户支付），是否能支付合同款（有没有制度或规定限制不能支付）；二是用水户融资能力或资金情况，至少要求具备支持项目顺利实施的充裕资金；三是支付方式对 WSCO 现金流的影响及承受能力分析；四是用水户原因（预算执行问题、财务困难、信用问题）或法律纠纷导致延迟支付引起 WSCO 资金链风险、承受能力和应对措施。

（三）关于经济技术评估的费用问题

经济技术可行性研究是确定 WSMC 能否实施的重要环节，通常发生在正式合同签订之前，一般情况下，为了推动用水户实施节水技术改造，WSCO 在征得用水户同意的前提下，对用水户进行尽职调查和水平衡测试，撰写可行性研究报告，这些工作都会消耗 WSCO 的人力、物力，并产生一定额度的费用支出。这笔费用通常有三种处理方式：一是项目获准实施，前期费用折算进合同款；二是项目没有实施，前期费用按事先约定额度和分担比例各自承担；三是项目没有实施，用水户不承担任何费用，由 WSCO 自己负责。

因此，对于可行性研究的相关费用应提前进行沟通，确定处理办法。

六、技术论证和经济评估

节水改造方案技术论证和经济可行性评估是减少 WSMC 出现技术风险和经济风险的关键环节。技术论证和经济评估可分为 WSCO 内部履行的程序和合作双方共同履行的必要程序，不同的 WSMC 模式合作双方对技术评估和经济可行性论证关注度不同。

（一）WSCO 内部技术论证和经济评估决策程序

（1）技术委员会（专家委员会）组织技术评审和经济可行性论证。如果通过评审和论证，则按 WSCO 内部规定履行项目实施相关决策程序。如果评审没通过，则返回重新制定技术经济方案。

（2）WSCO 决策委员会根据技术委员会（专家委员会）提出评审结论和论证意见，按 WSCO 内部管理规定履行决策程序，如果通过，提交相关部门进行合同商务谈判。如果不通过，视具体情况决定补充材料、更改边界条件或放弃。

（二）WSCO 内部技术论证和经济评估的主要原则与重点

（1）盈利保障。盈利是 WSCO 提供节水服务的动力和目标，也是用水户实施节水技术改造希望获得的潜在效益。盈利保障原则不仅适用WSCO，也适用于用水户，因为技术改造成功并创造节水效益，既是盈利的唯一条件，也是保障用水户降低生产运营成本并分享节能效益的内生动力。所以，盈利保障是 WSMC 开展节水技术改造的第一原则。

（2）技术可行。技术可行对于 WSCO 或用水户都很重要。对于WSCO 来讲，技术可行意味着通过节水技术改造获得的节水效益有可靠保证。对于用水户来讲，技术可行意味着节水设施的更新换代、生产成本降低和经济效益获得都有可靠保证。所以，两者都将技术可行作为节水技术改造的基本原则加以坚持。

（3）风险可控。实施节水技术改造对用水户和 WSCO 都存在风险。对用水户来说，实施项目可能影响生产（如停工、停产等），甚至破坏原有生产工艺流程；对 WSCO 来说，一旦项目失败或者节水效益难达预期，WSCO 面临回收投资和盈利的财务风险。因此，确保风险可控是技术论证和经济评估的重要原则。论证风险是否可控通常可以从四个方面考察：一是水平衡测试结果显示的节水改造重点环节、拟用节水技术能否匹配，采用这些技术能否带来预期的节水效益。二是节水技术改造过程有没有尽力避免对用水户正常生产生活的影响。如改造对象为大学，则要注意尽量不影响学生作息时间。三是节水效益估算留没留有余地。各种潜在的影响因素特别是不利于提高节水效益的因素是否考虑周全。四是 WSMC 实施过程中各个环节存在的风险是否得到全面披露，防控预案是不是客观、科学、可操作性强。事实上，任何项目的技术风险及管理风险都客观存在，我们不能完全消除风险，但我们可以通过科学管理做到风险可控。

七、WSMC 商务合同谈判和签订（简称"商务合同"）

WSMC 从理论研究到实践运用也就一年多时间，目前，很多WSCO 对 WSMC 项目的交易模式及合同履行并不熟悉，可供参考借鉴的合同文本过于简单和笼统，合同范本也不多。用水户和 WSCO 对实施过程中可能碰到的问题估计不足，约定不够或缺乏可操作性，在合同履行过程中一旦发生争议，双方各执一词，极大地影响了项目的正常运行。也有用水户由于缺乏对 WSMC 的认识，对合同文本中的很多条款不理解，双方在合同条款的讨论或谈判上花费太多时间，影响项目进度。因此，有必要对 WSMC 的商务合同几个关键内容作出说明。

（一）商务合同主体内容

商务合同是 WSMC 顺利实施的法律依据，商务合同核心部分是合同主要条款，合同主要条款必须能覆盖 WSMC 实施过程的所有法律问题，用水户和 WSCO 都要慎重对待。合同主要条款应包括但不限于以下内容：

（1）采用的是 WSMC 什么模式，例如是节水效益分享型、节水效果保证型、固定投资回报型中的哪一种？关键要明确 WSCO 收回投资利润的来源。特别是水污染、水环境治理（修复）这种项目，最好能明确以实际节水效益还是财政预算支付。

（2）合同期限和期满后运行管理责任和相关资产归属。

（3）节水效益（节水效果）计算口径、评价方法和分享比例（水价和水量基数）。

（4）结算周期和支付方式。

（5）节水技术改造项目的边界和范围。

（6）提供技术改造和节水服务的主要内容（水平衡测试服务，供水系统检测，集成节水技术，制定系统技术改造方案，采购节水产品，用水终端改造安装，地下管网改造，非常规水源开发应用具体要求，投资收回期限和渠道，改造后验收、运营及管护机制建立，运维费用来源与额度、服务工作标准等）。

（7）违约责任、有关争议及解决方式

（8）风险防范和不可抗力的规定。

（二）商务谈判的几个关注点

为提高谈判效率，节省 WSMC 商务合同谈判时间，结合试点示范项目谈判的经历，现将进行商务合同谈判中双方通常最关心的六个关键问题总结如下。

（1）节水效益的评估和确认。节水效益分享通常是双方讨论时间最长的谈判条款。所谓的节水效益是指：假定节水改造没有实施，在报告期的工况下（影响因素）系统应该发生的用水量与节水改造实施后的实际用水量之差乘以所在地的水价。节水效益需经过计算才能得到，不可能通过直接测量得到。需要注意的是节水效益评估确认的基础是水平衡测试，所以水平衡测试准确与否决定了节水效益谈判的成败。对于WSCO来讲，对节水效益的判断留有余地是必要的。国泰节水公司与试点用水户开展商务谈判时通常留有10%～20%的节水效益幅度，虽然从表面上看利润空间小了，但因为节省了时间，减少了交易成本，在客户心中留下了良好的印象，为今后继续合作打下了良好的基础。当然，在未来的商务谈判中究竟留多少富余量则需要根据实际情况酌情决定。

（2）节水效果的评估与认定。所谓的节水效果通常是指不进行价值衡量的节水成果。正在制定并将颁布的国家标准《合同节水管理技术通则》（以下简称《通则》）对节水量的测量方法和验证程序有专门的表述。例如说节约了多少立方米的水，少排放了多少污水，用多少非常规水源替代了多少地下水等等。至于节约下来的这些水、少排放的这些污水、少采多少地下水究竟有多少经济价值在节水效果中不予置评。在WSMC模式中的节水效果通常包含多种含义，例如：运用WSMC进行节水技术改造直接省下来的水量；运用合同水污染治理模式对受污染的水域进行治理而获得的符合用途要求的水量（含采用合同水污染治理替代引清冲污置换下来的水量）；运用WSMC对水环境进行修复提高了水环境质量指标；运用WSMC大量使用非常规水源而少采了地下水等等。对于通过节水技术改造直接省下来的水量不去进行价值评估不是因为不好评估，而是评估后的节水效果价值量太大（或太小），不利于合同的执行，所以双方都认为以节水效果作为投资效果的评判标准是合适的，属于合同双方有意回避的。而对于节水效果不好计量和评价的，通常在节水改造结束后往往容易产生争议。所以，对一些节水改造后节水效果难以准确计量的合同中要明确评价指标，事先确定争议的解决办法，争取做到少争议或不争议。

《通则》专门有对节水量的测量方法和验证程序。

（3）合同期的确定。在 WSMC 运行期内，用水户需要以节水技术改造产生的节水效益向 WSCO 支付先期投资、利润和分享节水效益，所以在节水效益一定的条件下，WSMC 运行期越短，用水户就可以越早地享受全部的节水效益，从而减少用水成本。从 WSCO 的角度来看，由于其投资和收益来自于 WSMC 运行期内因节水改造而产生的节水效益，所以 WSMC 运行期越长，WSCO 取得的收益越大。因此，如何确定双方都能接受的合同期实际上是 WSCO 和用水户之间在长期利益和短期利益、风险和收益之间博弈的结果。解决问题的办法只有一个，那就是必须使用水户和 WSCO 都能得到合理收益，才能刺激 WSMC 相关利益主体选择运用 WSMC 节水改造。参照国内外实行类似于合同节水管理的其他合作模式，通常合同期都在 5～8 年。国泰节水公司目前实施的项目合同期也在这个区间。

（4）投资回收的渠道、方式和时间。对于节水效益分享型服务模式和固定投资回报型服务模式，除了上面强调的节水效益评估、确认和计算以外，还要把握两个关键环节：一是分享节水效益的先后顺序和比例。当前，我国水资源水环境承载能力和经济社会发展、生产力空间布局不相适应的状况仍然十分紧张，国家推动水价改革的力度越来越大，国泰节水公司在运用 WSMC 过程中就出现过节水改造期间水价发生变化的情况，所以，为避免水价变动带来的不必要争议，在签订合同时要确认现行的水价和运行期水价变动产生损益的处理办法。二是对于执行财政统一结算的用水户，要考虑预算支付的科目和可能性。对于节水效果分享型服务模式因为有一些节水项目实施改造之前，用水户要向 WSCO 支付节水技术改造的部分或全部资金，所以这些项目不存在投资回收渠道、方式和时间等问题。

（5）运行管理机制的建立。WSMC 之所以能够成为加快建设节水型社会的重要抓手，一个重要的贡献就是以合同的方式解决了运行维护经费的问题，为建立长效运行的节水管理机制提供了经济保障和法律支持，彻底解决了多年来节水改造项目运行管理机制不落地的问题。所以，运维经费、培训费用、维修队伍来源和组成、管理体制、技术支持、备品备件的供应渠道、产品质量和价格等都要细细明确，否则容易产生争议，最终影响到整个项目的节水效益。

（6）协调机制。如前所述，任何一个 WSMC 项目都是涉及社会融资、集成创新、实施改造、评估验收、运行管理和分享效益等多方面、综合性、跨行业、多领域的系统工程，就是节水改造结束进入运行阶段，也需要用水户和 WSCO 充分的沟通和协调，因此，在合同中一定要有建立协调机制、定期沟通和研究解决问题的相关条款，才能从源头上保证 WSMC 能够真正发挥应有的效益。

八、实施节水改造

合同签订后，WSMC 运行进入实施阶段。实施阶段通常分为三部分：一是项目实施准备阶段；二是组织施工阶段；三是竣工验收阶段。下面分别叙述。

（一）项目实施准备阶段

在这个阶段里，WSCO 通常要完成四方面工作，即组建项目部、募集资本、技术集成创新、节水产品和设备的采购。

（1）组建项目部。项目部是 WSMC 的具体执行者，也是 WSMC 能否获得预期效益的关键环节。没有规范高效的施工组织管理，设计再好、节水技术再先进也难以保证合同约定的节水效益，所以，首先要选好人、用好人，这是好项目部的基础。其次，要按项目性质配齐专业人员。第三，要有一套规范有效的制度体系，特别是财务内控制度体系。第四，如有可能，要尽可能组成有用水户（甲方）的代表参加的联合项目部。有利于及时协调施工过程中出现的问题，控制好工程的进度、安全、质量，提高施工效率。

（2）募集资本。有关募集资本的问题前面已经有章节专门介绍，这里就不再展开。项目实施过程需要注意的只是细节和操作性问题。一是要控制好资金到位的序时进度。确保工程不会因为资金缺位而影响项目改造的进度。二是要统筹不同资本来源的结构比例。如中长期贷款和短期流动资金贷款结合，不同来源、不同财务成本资金的结构比例，WSCO 自有资金和供应商资金的结构比例，WSCO 自有资金和银行贷款的结构比例，贷款资金和债券资金的结构比例等等。三是资金链安全的防范和控制。随着 WSMC 的广泛运用，WSCO 会有越来越多的项目同时展开实施，统筹安排好各项目之间的资金安排至关重要，每个项目实施之前要制定完善的资金使用计划和应急措施。严格控制财务风险。

（3）技术集成创新。优质的工程设计是工程建设质量保证的关键。任何一个工程设计都是一个推陈出新、不断完善的过程，俗话说，设计是一个"没有最好，只有更好"的开发过程。节水技术集成创新也是如此，它是一个不断追求与突破现有技术极限的开发应用过程。如前所述，WSMC 最大的功效就是可以通过节水技术集成创新来解决节水技术产品高度分散和节水技术改造系统性的矛盾。所以，技术集成创新如何落到实处很重要。按照正常工作规程，技术方案形成后要经过初步设计和技术评审两个阶段，所以技术集成创新也必须在这两个阶段得到落实。

1）初步设计。初步设计是设计人员在节水技术方案基础上按照相关技术规范、标准和工程经验等完成的设计成品。一个好的项目技术设计可以最大程度地降本增效、安全运营，做到同样的投入获得最大的节水效益，或同样的节水效益下投入最小。在 WSMC 项目的初步设计阶段，要注意三点：一是要坚持技术集成创新的系统性和集成性。WSMC 的技术创新与别的单项技术研发不同，它更多是通过对现有单项节水技术、节水产品、节水工艺、节水制度的整合集成、协调运用来体现系统应用、集成运用的综合节水效果。二是要坚持先进实用性和可靠性。既要大胆采用节水新产品新技术，更要广泛推广运用经过市场上检验的成熟适用节水产品。三是要始终贯彻经济性原则。WSMC 回收投资和收益主要来源是改造产生的节水效益，而节水效益取决于改造成本与水价、节约水量之间的空间，如果节水技术产品价格太高，意味着节水改造成本提高，在外部条件固定的情况下，就会出现回收期过长或项目由于经济不可行而被放弃的情况。

2）技术评审。如前所述，WSMC项目面临的主要技术问题是节水改造的系统性和节水技术产品的分散性。随着科技快速进步，新研发的节水工艺技术、节水设备产品、智能控制方式不断涌现，不同专业之间的技术融合、工艺和控制系统的集成化程度越来越高。这些新变化都对节水技术集成创新和初步设计质量提出了新的更高要求，因此需要设计人员在彻底掌握核心节水技术的基础上，提出更加完整、可靠、优化的设计方案，而初步设计的合理、优化和可实施性又是保证设计质量的基础。为此，在WSMC项目初步设计过程中，组织进行设计方案评审很有必要。对早期发现设计质量隐患、及时有效地解决重大问题将会起到重要作用。在技术评审阶段，要很好把握三个关键环节：一是要有一套完整的技术评审制度。这是确保技术评审规范化，提高WSMC整体水平的基础。通过制度建设，明确规定初步设计的评审范围、评审时机及主要内容，技术评审工作的组织，评审前准备，评审程序和评审实施要点，评审专家责任与义务。成熟的WSCO要制订标准格式的技术评审表格，对评审工作程序进行严格规定，对重要的细节提出要求，以保证每个WSMC项目的初步设计都按照同样的标准进行评审。二是要坚持专业性要求。初步设计评审不是为了走过场，而是要起到真正优化把关作用。所以组织一个有各专业、各阶层专家参加，精干稳定，具备创新意识和丰富实践经验的设计评审团队是确保专业性的重要前提。三是坚持多元性要求。WSMC项目的初步设计评审与其他技术评审有较大的不同。主要是WSMC项目初步设计更多是对现有的节水技术产品进行集成创新，不同层次、不同专业、不同来源渠道的评审专家可以较好地体现多元性结构，有利于促进节水技术集成创新、关键技术突破及不同领域之间的技术融合。最大限度调动和利用各方面资源，实现技术设计快速反应。

（4）节水产品和设备采购。节水产品和设备采购是WSMC运行的重要环节。通常WSMC项目的产品、设备的采购成本占总支出的50%～

60％以上，在项目设计、施工、监理的费用已经接近透明，WSCO 降低成本提高收益除了来源于节水效益分享这个渠道以外，节水产品和设备采购就成了 WSCO 降本增效的另一个重要渠道。因此，如何在满足用水户项目技术要求、工程进度、质量保证的前提下，提高节水产品技术设备的采购管理效益、降低采购成本是每个 WSCO 都要面对的重要课题。

节水产品、设备的质量及运行效果对节水效益有重要影响，甚至直接关系到 WSMC 项目成败。所以，每个 WSCO 对于节水产品设备采购都要有自己的规定。总体上看，WSCO 的产品和设备采购既有通常的项目设备采购的基本特征，又有 WSMC 运行机制对产品设备采购的特殊要求。所以，WSMC 项目的节水产品和设备的采购管理通常要注意五个关键环节：一是编制采购计划。采购计划是随设计部门的初步设计进度而对应编制的，通常会根据设计部门对产品、设备的要求和设计时间长短进度来对应安排产品设备的采购计划。二是供应商选择。WSMC 项目的节水产品和设备量大面广，可能涉及多个供应商，所以要慎重进行供货商筛选，特别要注重供应商的资质条件、同类型产品供货业绩、生产能力等因素，综合考评明确每个节水产品和设备的合格供应商。三是供货渠道选择。对于大宗节水产品和重要设备，要尽量坚持公开招投标，避免采用询价采购、单一来源采购和邀请招投标的方式。实践证明，迄今为止，公开招投标仍然是体现公开、公平原则最好的方法。当然，为降低采购成本，对一般零散的、通用的节水产品可以用批量招投标或供货商招投标的方式加以解决。特殊情况下也可以通过询价的方式货比三家来确定。但不管采用什么渠道，参与投标的供货商均需提供符合设计技术规范书的技术投标文件和相应的准入文件。四是采购合同管理。与经过招标程序中标的供货商签订技术协议与商务合同，要对合同严格履约。这个环节要严格控制供货商技术资料的提供、生产工期的安排、产品质量、出厂检验、包装发货、设备调试、售后服务等合同履约工作。五是采购风险的控制。采购风险通常会出现在两个方面：第一个方面是节水产品和设备的质量和技术水平达不到设计要求，从而有可能引起最终节水效益的风险。产生这种问题的原因有可能与技术集成创新有关，也可能与节水技术产品和配套设备的选型有关，所以，WSCO应该与用水户、供应商保持沟通，既要弄清原始水循环状况，也要算清水账和用水数据，要根据节水技术改造方案，高度关注节水技术集成创新和供应商提供的产品、设备、性能、标准、相互之间配合的关键环节，这是防范技术风险的有效措施，也是WSMC项目成功的基础。第二个方面是供货时间满足不了施工进度要求而有可能影响工期，导致总合同违约的法律风险。防范风险的关键就是要抓住供货商生产工期安排和严格计划控制，对内保持必要的提前量，对外要高度关注供货商生产工期安排，及时跟踪协调。

（二）组织施工阶段

施工阶段是资源频繁流动和工程实体生产的过程，是依靠资金、技术、人力资源的投入和流动来实现的。所以，施工阶段的组织管理要关注以下几个问题：

（1）费用控制。施工阶段既是资金大量投入的阶段，也是产生费用的阶段。这个阶段的费用控制好不好直接关系到WSMC项目节水效益能否达到预期目标。制定合理的费用成本目标、建立一套有效管用的费用控制制度并严格执行是施工阶段控制费用的关键措施。

（2）进度控制。完成计划的工作量是施工阶段的主要工作目标。WSMC项目部要严格按照施工计划组织好相关单位有序完成工作目标。国泰节水公司开展WSMC项目节水改造一条重要经验是强化协调。WSMC的节水技术改造项目通常会涉及多种技术、多个供应商、承包商的同时进场、同时施工，所以，施工阶段的协调尤为重要。项目部现场管理人员要通过判断、协商和确认等手段推动项目的实施进程，注意协调参与各方与用水户的关系，及时应对解决施工过程中出现的各种实际问题等。事实证明，及时有效的协调是WSMC项目施工阶段顺利完成的重要保证。

（3）质量控制。施工阶段是WSMC节水改造项目从设计蓝图到实体的阶段，由于节水技术改造的质量管理是随时间、地点、人的因素、物的因素、客观条件的发展而变化，所以，在施工阶段的质量管理必须是全过程的、动态的质量控制。运用 WSMC 对公共机构进行节水改造所涉及的节水技术并没有非常高精尖的内容，只要把握住三个环节即可：一是要强化隐蔽工程建设质量控制。如公共机构节水技术改造通常会涉及地下管网、智能化的监测系统的更新改造，这些隐蔽工程质量直接影响到节水改造目标的实现，所以在施工阶段要严格把好隐蔽工程验收关，对于隐蔽工程验收的详细记录、质量检测数据要有完整的报告留存备案。二是要注意集成运用现有先进技术、产品单体的质量。要加强安装前技术质量检测，对进入施工现场的各种材料、配件、设备进行质量控制，是保证工程质量的基础。所以，要严格查验出厂合格证和试验报告，批量使用的必须经取样复检合格方准予使用；对各种节水设备，除必须有合格证、准用证和验收证明外，还应严格检查，认真安装调试，经试运行确认无问题后方可投入使用；要加强施工过程的质量管理，每道工序开工前，应对各工序的具体准备工作、施工方案和施工措施进行检查落实，严格工序交接检查和隐蔽工程检查验收，坚持上道工序不经检查验收不准进行下道工序的原则。三是把握住多种节水产品和技术集成环节。这个环节把握的重点是集成效果能不能实现设计要求，多种节水产品和技术集成的全系统质量有没有明显短板。

（4）施工时间和安全控制。WSMC 节水改造工程施工与通常的建筑工程施工最大的不同就是施工现场高度复杂。一般的建筑施工现场都有封闭的空间和禁行的范围，无关人员一般不会出现在施工现场，施工影响和安全问题比较容易控制。而 WSMC 技术改造的现场随时都有大量的人员学习、生活与活动。例如，对高校进行节水改造，为了最大限度地减少施工对学校正常学习、生活的影响，国泰节水公司通常选择在寒暑假开始动工或将一些对学校教学生活影响较大的工程如地下管网工程等施工内容安排在假期期间施工。将一些学生公寓末端用水器具的改造时间安排在学生上课时间等，总之要最大限度地降低节水改造施工过程对学校教学生活的影响。同时，每个高校都有几万名教职员工在一个相对封闭的空间生活，每天都按时上下课，规律性强。因此，要充分考虑学校人员密集，且多为好动群体的特点，高度关注节水改造施工安全。一是对施工安全防护作更充分的准备。预防和保护措施是安全生产管理的一个重要环节，要注重管理措施执行，要按安全管理方案的要求明确责任和责任人，布置相应的预防和保护措施，及时分析总结监测和记录的相关指标数据，建立安全监督和检查制度，严格执行安全工作程序，对安全管理中的重大事项要记录存档。二是施工现场安全环境管理。WSCO项目部要落实现场管理责任。对节水改造现场工作环境和条件、管理制度的贯彻和管理责任的落实、预防和保护措施的执行、意外情况的处理和应对、相关材料的记录和保存等情况进行抽查和现场检查。不仅要监督检查各参与单位的安全管理制度执行情况，提出实施或改进意见。也要积极履行自身的安全职责，注意做好自身的安全管理工作。要及时对现场安全管理的整体情况进行总结，分析安全管理的效果和不足，并协调采取改进措施。三是隐患排查和整改。在安全管理方案执行和检查的过程中，会发现问题和不足，要分析查找原因，根据施工过程中的具体情况，对施工方案加以调整和改进。四是要建立并严格执行参与单位安全责任制。按承包合同中的承诺履行安全义务，按合同约定的程序对现场安全工作开展全面的协调和组织管理，并为参与单位开展安全管理工作提供必要的条件和支持。五是督促施工人员严格按施工规范操作，对不符合安全规范要求的行为坚决行使否决权。确保安全管理落到实处。

（三）竣工验收阶段

WSMC项目竣工验收是指WSCO完成节水改造后，由用水户或双方认可的独立第三方依据项目技术方案及项目合同中的相关条款或验收附件对节水改造工程进行核查的过程。WSMC项目竣工验收主要有三个内容：一是技术验收，又分为项目部初验（自验）和用水户（业主）正式验收；二是竣工决算；三是安全与环保工作总结。

（1）技术验收。技术验收可分为两个阶段：一是联合项目部初步验收（自验）。各参与单位按合同完成了技术改造全部任务后，提交联合项目部组织技术改造工程的初步验收。通常要查验工程现场，确认项目施工任务是否全部完成，检验工程完成质量，依据项目进展报告和实际验收情况审查项目竣工报告和决算报告，检验并接受各参与单位提交的工程文档材料。二是用水户（业主）正式验收。项目部初验通过后，WSMC 向用水户提出申请，要求业主单位组织（或独立委托第三方）验收。如项目最终验收通过，则要按规定移交工程及相关档案材料。在正式验收阶段，主要有指标验收、质量验收、技术验收、时间验收、安全验收及信息验收等六项验收内容（确保相关的验收都有特定的规范和依据可查）。这里特别要对 WSMC 竣工验收中容易出现问题的质量和信息验收做重点强调：在进行全面的质量检查评定时，关键是判定技术改造整体质量是否达到预期的质量目标，对出现质量问题的具体项目，要详细分析其存在的问题和对整体质量与实现节水目标的影响，可以整改的要制定必要的弥补和质量保修方案，及时采取有效措施进行整改，整改后严格按程序重新组织验收，确保技改工程满足使用要求。不可以整改或整改后不能满足系统节水要求的要采取备用方案进行坚决的返工（重建）。当信息验收通过后，要加强技术资料的管理，要明确专人负责竣工资料的编制、收集、整理和移交、归档工作，保证竣工文件的齐全、完整和准确。

（2）竣工决算。工程竣工并通过验收之后，应及时组织竣工决算报告的审核工作，重点审核决算报告的内容是否真实，是否与工程文件档案材料相符，审核通过后要按合同规定及时向相关参与单位支付工程尾款（有关竣工决算的相关规定可暂时按水利基建财务相关制度进行）。

（3）安全与环保工作总结。按照基建工程竣工验收的相关规定，在竣工验收阶段，工程项目的安全与环保设施、措施要与主体工程同时验收并投入使用。在 WSMC 项目实施过程中一般不涉及重大环保问题，特殊情况下，可由联合项目部依据环境影响评价报告，组织参与单位对环境管理的执行情况、效果作阶段性或最终的总结与评价。对于安全问题的检查、总结和确认更多是为 WSCO 加强安全生产管理积累工作经验，当然，安全与环境管理验收、总结和评价的情况，将作为联合项目部确认和验收各参与单位的工作质量及合同义务履行情况的重要依据。

九、节水效果评估与长效运行管理

运用 WSMC 实施节水技术改造的主要目标就是要取得预期的持续的节水效益，并从持续获得的节水效益中回收投资并获取利润。所以，节水技术改造结束后，对节水效果进行评价确认并建立长效运行管理机制是 WSMC 和用水户持续获得经济效益的重要工作。

（一）节水效果评价

节水效果和节水效益在本质上是一样的。两者在 WSMC 模式中都是反映节水技术改造投入所得到的节水成果，体现的都是水资源的节约。WSMC 项目的节水效果是指 WSCO 通过节水技术改造和建成运行管理等一系列工程、非工程措施，使得用水户在单位时间内相对于同期不采取上述一系列措施用水量消耗变化的数量。WSMC 项目评估与核算的主要是节水量。节水效果也可分为反映节水技术改造投入的直接效果和反映节水技术改造投入的综合效果。节水效益是价值的概念，它反映的是节水技术改造投入产出的价值关系，这种价值既可以是经济价值、社会价值，也可以是环境价值。WSMC 项目评估与核算的节水效益主要是节水技术改造活动带来的经济价值。

（1）以月度用水量作为节水效果评估对象。采用相同月份多年平均用水量作为月基准用水量主要是考虑两个因素，一是 WSMC 特别是节水效益分享型的特殊性。因为 WSCO 收回投资和利润的唯一渠道是节水效益，而节水效益来自于技术改造前后用水量的对比，如果采用全年的方式进行年际之间的用水量进行对比，则意味着竣工验收 1 年后才能确定并开始分享节水效益。这显然不具有可行性。二是为了更准确反映公共机构特别是高校类的用水户用水特点，减少因为项目边界不清楚而造成不必要的争议。由于高校有寒暑假、地理位置、文理科、综合型与专业型等不同类别和不同用水特点，导致不同的月份用水量差距很大。所以，要比较准确地核定节水量，从而计算出节水率和节水效益，以月为单位来对比和确定是比较合适的。

（2）节水效果计算公式。目前，国家关于 WSMC 运行的相关规则正在制定之中，对节水效果进行评估确认的正式规则至今尚未明确。目前的做法是采用用水量对比确认法。这是一种最为简单便捷的方法。通常是将用水户前 3 年相同月份用水量算术平均值作为基准用水量。将节水技术改造后的月用水量做比较，得出的结果就是月节水量。其表达式为：

$$B = N_i - D_i = (N_1 + N_2 + \cdots + Nn)/n - D \qquad (8-1)$$

式中：B 为改造后的月节水量；N 为改造前月基准用水量（改造前 n 年相同月份的平均用水量；n 为合同双方确定的改造前用水数据的统计年限，通常在 $1 \sim 3$ 年之间）；D 为改造后的月用水量；i 为统计对比月。

则年节水量 A 为：

$$A = \sum_{i=1}^{12} A_i \qquad (8-2)$$

$$E_i = (N_i - D_i)/N_i \times 100\% \qquad (8-3)$$

$$E = \sum_{i=1}^{12} (E_1 + E_2 + \cdots + E_i)/i$$

式中：E 为改造后年节水率；E_i 为改造后第 i 月节水率。

（3）节水效果评估实施主体。按照 WSMC 运行规则，为避免合同双方对节水效果的争议，通常会委托独立的第三方对 WSMC 节水技术改造项目开展节水效果评估。由于 WSMC 是新鲜的事物，目前尚没有专业的独立第三方评估机构可供选择和委托，在国家对于相关机构的具体规定没有出台之前，各地的水文部门原有的水平衡测试机构是一个不错的选择。当然，如果双方在合作过程中已经建立了良好的互信且在合同中对容易产生争议的问题做了很好的沟通安排，也可以由 WSCO 和用水户联合组成评估工作组进行节水效果评估工作。

（4）评估数据的选取和确定。为最大程度减少合同双方在节水效果评估上出现争议，在实施 WSMC 项目之前需要在合同中对以下几个事项先行予以明确：一是节水改造前的基准年数 n。具体取改造前几年作为计算依据，则要取决于计量设施、水费收取历史和合同双方谈判的结果。二是改造前 n 年相同月份的平均用水量（第 i 月基准用水量），即式（8-1）中的 N_i。这两个数字是最后确定节水效果的重要参考指标。三是采用何种数据为依据。对于采用何种数据进行测算的问题，通常会选择技术改造前若干年的水表数据作为参考数据，或者是根据自来水公司水费发票的数据来统计。四是要明确历史用水数据误差调整办法。确定基准用水量 N 需要特别关注因计量设施不完善、地下水超采和历史上的偷水现象造成的统计数据不准确问题。所以，在合同中要有相关的规定对出现此类误差留下协调的空间。

（二）长效运行管理

节水改造工程的建后的运行管理机制至关重要，没有一个能够保证节水效果持续获得的管理机制，技术改造再好、运用的节水技术再先进也无济于事。WSMC 之所以能够在很短的时间内就得到政府、社会资本、用水单位、广大群众的高度认可，一个很重要的原因就是 WSCO 在节水技术改造结束后为用水户建立一个能够长效运行的管理机制。客观地讲，由国家或各级财政投入建设的节水改造项目在筹建阶段也都要求必须明确管护主体和运行管理机制，由于没有固定可靠的运维资金支撑而导致管理机制不能长期有效运行，导致了大量的节水改造工程不能很好发挥效益。所以从某种程度上讲，节水改造后建立能够长效运行的管理机制其重要性不亚于节水改造本身。从目前看，WSMC 项目验收后运行管理有三种基本模式：一是 WSCO 管理模式；二是用水户管理模式；三是混合管理模式。这三种模式各有利弊，三者的区别在于管理主体和责任主体不同，但不管哪种管理模式，要建立能够保证节水效果持续获得的管理机制都要解决四个问题，即运行管理制度、运维资金保障、备品备件供应和运行维护团队建设。下面分别进行叙述。

（1）运行管理制度体系。运行管理制度体系是持续保证节水效果不低于设计水平的关键环节。特别是 WSMC 项目涉及建设主体、用水户（业主）、运行管理主体可能一致或可能不一致的情况。因此，制定一套权责明确、管用有效、规范可行的制度至关重要。运行管理制度通常包括三部分内容：一是管理纲领性文件。主要是阐述 WSMC 的理念、意义、管理方针、管理主体、管理目标。制定管理纲领性文件主要目的是提高运行管理人员对 WSMC 的了解和认识，明白自己所从事工作的重要性，增加工作的责任心和使命感。二是程序性管理文件。程序性文件通常包含管理程序和管理标准，主要是明确各业务系统开展管理活动或履行管理职能的主要路径，各业务和职能板块的管理事权，实现规范管理。三是管理手册。这是在上述两个文件要求的基础上根据 WSMC 的特点编写的操作性文件，主要是作业指导、规章制度、技术标准（主要是对生产经营、维修养护相关技术问题进行规范）、工作指南（如岗位说明书、工作手册、工作责任、任职要求、工作职责履行说明等）等。

（2）运维资金的保障。当前，许多节水改造工程建成后不能长久发挥效果，主要原因是运行管理机制不落地、不长久，而不落地的原因主要是因为缺少运行维护资金。大量的调查表明，当前节水技术改造项目具体运行管理办法几乎都是按照技术设备永远不大修、甚至不坏的状态去管理。WSMC 吸取这个教训，在节水技术改造结束后用获得的节水效益优先支付节水系统的运行维护经费，并且在合同中予以明确。用市场手段和经济方式彻底解决了节水系统运行维护经费。保障了管理机制长效运行，节水效果持续获得。

（3）备品备件供应。公共机构的 WSMC 项目有一个重要特点就是节水产品量多面广，且具体使用者大多是学生，使用频率较高，流动性大，所以，这些节水产品的维修和更换频率较高，所需的备品备件数量不少。运行管理要能保证节水效果不低于设计水平，管理成本不高于合同规定的标准，备品备件的供应商、供应渠道、产品质量、采购成本、验收标准等要有严格的制度规定和可靠的执行。这一点在建立运行管理机制时要特别重视。

（4）运行维护团队建设。WSMC 所提供的是节水技术服务，这其中就包含运行维护团队的组建，提供运行管理专业服务。组建运维团队有两种方法：一是用水户出人（可以是用水户原来的运维人员），由 WSMC 对其进行严格培训，合格后承担运行管理责任；二是由 WSCO 组建运维技术团队，提供专业化运行管理服务。组建运维团队要注重人员结构，国泰节水公司运行维护管理团队通常设总负责人 1 名，总体负责项目运营管理，包括外部协调，内部工作安排，节水宣传活动策划等事宜。根据公共机构规模大小和运行维护工作量酌情配备供水维修工若干名，主要负责系统的维修与抢修。运行管理团队均须配备综合技术人员负责中央监控平台的运行、管理，通过监管平台发现用水异常及预警，通知相关单位和人员及时处理。根据公共机构规模大小，运维团队通常在 6～10 人。

十、节水效益分享

如前所述，节水具有典型的正外部性特征，节水除了产生合同双方直接经济效益以外，还产生外部经济效益、社会效益和生态环境效益，节水具有的消费非竞争性和受益非排他性特点导致了这些外部效益难以准确分割和内在化。所以，WSMC 项目的节水效益分享仅限于直接经济效益。对于公共机构 WSMC 项目来讲，节水效益是指实施节水技术改造节约的水量与单方水价格的乘积。按照合同事先约定水价和分享比例，在确认节水效果后，即可按照先预留运行管理经费、WSCO 收回投资、双方分享节水效益的次序实现节水效益分享。

第九章 水平衡测试与案例摘编

水平衡测试是决定一个用水项目能否采用 WSMC 进行节水技术改造的基础工作，其工作质量决定了 WSCO 投资能否如期收回，也是节水产品、节水技术企业从生产性企业向节水服务企业转型能否成功、社会资本能否持续进入节水服务领域的关键问题。为尽快推行 WSMC，更好地促进节水服务产业发展，本章摘录了水平衡测试的相关概念和典型案例供广大 WSCO 在工作中参考。

第一节　水　平　衡　测　试

水平衡测试工作是指在一定的生产时段内，利用计量测试仪器对企业的用水系统（或用水单元，下同）取、耗、排等环节的数据进行监测、采集、整理、分析，在水量平衡原理基础上对各用水环节中存在的问题提出节水技术改造措施和加强用水管理的建议。水平衡测试是促进企业节水最重要的基础性工作。

一、水平衡测试的主要流程

在《企业水平衡测试通则》（GB/T 12452—2008）中将水平衡测试过程分为准备、实测、汇总、分析 4 个阶段，除此之外，水平衡测试过程还应包括测试成果的验收，各阶段的具体内容如表 9 - 1 所示。

表 9 - 1   **水平衡测试工作步骤与内容**

工作阶段	工作项目	工作内容与成果
准备阶段	情况调查	企业（用水单位）基本概况，用水特征、人口、服务类型、规模、产品、产量、产值；历史用水情况表，用水水源情况调查表，给排水管网图，计量设备配备情况、完好程度、计量范围，主要用水环节、用水工艺，水质资料，用水、节水相关规章制度、采取的节水措施，近年开展的水平衡测试成果等
	制定方案	方案总体说明，确定测试方法，划分不同层次的用水（测试）单元，确定测试时段，选择水量测试点位置，拟定水量计量方法
	组织、技术准备	测试机构和用水单位分别安排工作人员，测试器材与设备，安全教育，完善计量仪表，使其符合测试要求
实测阶段	现场测试	采集水量、水质、水温数据，填写有关水平衡测试表
汇总阶段	汇总测试数据	用水单元水平衡测试表、企业（用水单位）水平衡测试统计表、企业（用水单位）用水分析表
	水平衡图	重点设备水平衡方框图、用水单元水平衡方框图、企业（用水单位）水平衡方框图
分析阶段	用水合理性分析	各项用水考核评价指标，对企业（用水单位）用水合理性分析
	节水潜力分析	查找企业节水潜力，提出节水建议和整改措施
	报告编制	编制水平衡测试报告，撰写水平衡测试工作总结
成果验收	评审验收	水平衡测试报告书评审，节水整改措施验收，核发验收合格证明文件

二、水平衡测试工作中需要重点关注的问题

（一）准备阶段需要重点关注的问题

水平衡测试的准备阶段主要包括用水单位情况调查、现场勘查、水

平衡测试方案制定和测试准备四个方面内容。在这个阶段，重点是准确掌握企业情况和用水现状。要关注三个方面内容：一是了解用水设备分布情况。梳理企业用水管网布置、各类用水设备设施分布和运转状态及计量仪表安装等情况。二是了解真实用水情况。掌握真实用水情况对于一次成功的水平衡测试具有重要意义。要通过了解用水总量、用水分类、用水特点、用水工艺找出各种用水之间的定量关系。三是水源情况。主要是了解清楚常规水源、非常规水源和在总用水中的占比情况。

（二）实测阶段

水平衡实测阶段主要内容有采集水量、水质、水温数据，填写有关水平衡测试表等工作。在这个阶段需要注意四个问题：一是开始实测前必须完成用水管道查漏堵漏，控制检查供水管跑、冒、滴、漏情况，这是获得准确数据的前提。二是校核完善计量仪表网络。特别是水计量设备校核补装，这是一项重要的基础工作。三是细分用水定额和用水指标。把计划用水纳入企业部门目标管理计划，把用水指标按定额层层分解至计量仪表的单元，保证水平衡测试工作各项指标的准确性。四是选择合适的测试方法。目前通常采用的测试方法主要有一次平衡法和逐级平衡法两种方法。对于中小企业或用水比较简单的企业，建议采用一次平衡法。对于生产规模较大且生产周期较长的大中型企业，建议采用逐级平衡法。

（三）汇总阶段

水平衡测试的汇总阶段主要有汇总测试数据和编制重点设备水平衡方框图等两方面的工作。在这个阶段，需要重点关注四个方面问题：一是核实实测数据。要以现场测试结果和基本资料调查为基础，按用水单元的层次整理、汇总测试数据。二是纠正异常数据。在进行汇总分析工作时，如发现部分用水单元和非生产用水指标明显不合理，需进一步查找原因并及时纠正。三是制定相关图表。计算用水单元的用水指标、各级水表配备率等，绘制企业给水排水管网图和水平衡方块图。四是建立企业水平衡测试档案。按照存档的规范要求，进行分类、分析，从而形成一套完整、翔实的包含图、表、文字和数据的企业水平衡测试档案。

（四）分析阶段

水平衡测试的分析阶段主要有节水潜力分析和编制水平衡测试报告。在这个阶段重点要关注两个方面问题：

（1）节水潜力分析，查找企业节水潜力、提出节水建议和整改措施。

（2）报告编制，编制水平衡测试报告、撰写水平衡测试工作总结。

水平衡测试分析的主要评价指标包括单位产品取水量、水重复利用率、冷却水循环率、锅炉水回用率、排水率、耗水率等。其中单位产品耗、取水量表征企业生产的用水效益。水重复利用率、冷却水循环率及锅炉冷凝水回用率表征企业重复循环用水效率。排水率和耗水率在一定程度上也反映企业用水工艺的先进程度。

三、水平衡测试步骤与方法

（一）基本条件

开展水平衡测试的企业一般应具备以下基本条件：一是用水体系计量设施配备齐全。一级水表配备率在测试期间为 100％，二级水表配备率应达到 95％以上，三级水表配备率应达到 80％以上。另外，一般要求 24h 取水量达 $10m^3$ 以上的用水单元（车间、工段、设备）均应安装水表。二是较完善的用水管理体系。企业有用水管理部门和人员、企业用排水管网布置图、近年各部门生产用水台账和计量管理台账等基础资料，以便测试人员掌握企业用排水基础情况。三是测试企业主要部门在正常生产状况下，各类设备正常运行，测试周期有一个完整的产品生产过程，用水过程包括用水高峰期、平水期和低峰期三个典型时段。

（二）测试方法

水量测试是水平衡测试的主要内容，主要对新水量、重复利用水量、耗水量、排水量、溢漏等进行测试，测试时应选择在生产正常的情况下，对典型时段连续多次测量取其平均值。水平衡测试常用的仪表包括水表、流量计、流速仪、量杯（量桶）等。常用的测试方法有水表读数法、超声波流量计法、流速仪法、容积法、浮标法五种直接测试法和计算法、调查法、定额法三种间接测试法。

水表读数法是测试工作的主要方法，可以测试水的累计流量，又可测水的瞬时流量，可以较准确地反映用水设备的用水实际情况；超声波流量计法是指运用超声波流量计检测流量的办法，一般用于测量较次要环节的用水或校核表测数据；流速仪法一般用于测量明渠中流体流速进而推算出流量值，有时也可用浮标法施测；容积法主要用于溢漏水量或排水量较小的情况下测量某一时段内水量；计算法一般根据用水工艺要求或用水设备原理进行公式推算间接获得，对难以直接测量的情况可考虑采用此法；调查法则是针对企业存在间歇性非主要用水而在测试期间又难以测量的情况，可咨询技术人员或调查相关情况间接获得；定额法是根据用水设备单位水耗与设备运行时间进行乘积计算的方法。

（三）主要步骤

水平衡测试一般分为 3 个阶段，即测试准备阶段、现场实测阶段、汇总分析阶段和测试结果分析阶段。

（1）测试准备阶段。测试准备的质量对整个测试工作的效率产生直接影响。需要从人力、物力和财力等方面给予充分的保障。工作难度取决于企业的生产规模和用水复杂程度。一是组建专门的测试小组。为了确保测试工作的顺利开展，需临时组建工作小组，组成人员包括用水管理人员、各车间主任及班长等，明确具体任务并进行职责分工。二是调查企业基本情况。全面摸清企业用水设备设施、节水措施及历年生产与用水情况。掌握企业用水计量设备分布及校验。根据调查情况绘制用水管网图，并制定测试及汇总所需的有关表格。三是建立具体的测试方案。包括测试要求、方法，以及具体测试时间、测点及次数，保证所测的各车间（部门）密切配合现场测试工作。使之达到规范测试要求。

（2）现场实测阶段。在对企业进行现场水平衡测试前，必须完成用水管道查漏堵漏、水计量设备校核补装这两项重要工作。根据企业水平衡测试方案，在规定的时间内按测试要求对测试单元进行测试，按规范的数据记录表记录测试数据，对测试中出现的不合理现象及时处理并作出说明。水平衡测试主要有一次平衡法、逐级平衡法两种方法。

一次平衡法是指同一时段（一般指 24h）内完成测试单元各用水设备的涉及供水、循环水、排水、耗水等情况的测试。此方法用水设备之间较容易平衡，但较难反映各类设备的实际用水记录，一般适用于中小企业或用水比较简单的企业。

逐级平衡法是指在生产情况稳定的前提下，依次从设备、车间、部门，再到全厂逐次进行水平衡，此方法能比较好地反映各不同用水设施的用水情况。但缺点是测试时间较长，当设备运行有变化时各部门用水量之间难以达到平衡，一般适用于生产规模较大且生产周期较长的大中型企业。

（3）汇总分析阶段。按照国家及省部有关标准和文件，在与同类企业比较、用耗水合理性分析、节水潜力分析等的基础上，评价用水单元的用水合理性，根据节水潜力提出从管理措施、技术改造措施、设备更新规划、调整产品结构等方面提出建议或措施，最终形成企业水平衡测试成果与用水分析报告。

（4）测试结果分析阶段。水平衡测试结果分析依次为数据校核、用水分析和节水计划 3 个阶段。

1）数据校核。企业用水测试单元多，现场测试工作量一般较大，加上现场测试时间不一样，测试结果往往较难平衡，但通过校核一般认为测试时段日取水量之和与同期实际日总取水量之差不大于 10% 即为合理，否则应需进一步查找有无漏测和计算错误。

2）用水分析。按用途汇总分类企业用水数据，分别计算各单元用水考核指标。参照行业节约用水标准并结合企业用水的实际情况，找出企业在节约用水方面存在的问题。职工生活用水根据本地区实际情况，参照城镇生活用水定额分析本厂职工人均取水量等指标的先进水平。

3）节水计划。根据企业各用水单元不合理用水因素的分析，优先安排用水量大且浪费严重的项目。注重节水投资效益的合理性，一是通过优化用水单元工艺用水流程，建立和完善冷却循环水系统、工艺水循环利用系统以及废污水回收再利用系统，最大限度地提高水的重复利用率；二是通过改革用水工艺，更新用水设备、器具，减少跑冒滴漏，降低企业各单元的实际取用水；三是依据分析成果调整用水定额和计划用水量指标，分解下达给用水单位以实现精细化管理。

第二节　公共机构水平衡测试案例（摘编）

本案例是在《北京某局水平衡测试报告》的基础上摘编而成。

该水平衡被测试单位为政府机关，其用水与工业企业用水相比，具有用水量小、用水单元（设备）少，用水结构简单、污水排放率高、用水过程昼夜不稳定、周末与工作日不稳定等特点。因此，一般机关事业单位的水平衡测试应根据其用水特点，重点做好以下几方面的工作：一是机关事业单位水平衡测试相对简单，一般采用一次平衡法进行测试。二是因机关事业单位用水量较少，管道内水流量小，故对测试精度要求较高。但由于水表安装率和计量率相对较高，一般采用水表法进行计量，故在正式测试前需要完善各级计量水表的安装，进行计量水表的比测校验。三是由于用水过程呈现昼夜、工作日与非工作日不稳定的特点，水平衡测试需进行长时间连续累计观测，测试时间不少于 1 个用水周期（7d）。四是机关事业单位的主要用水单元是卫生、食堂、空调等，污水排放率高、排放点比较分散。因此，污水排放量的测量是水平衡测试的重点内容之一。五是由于冬季利用锅炉采暖，夏季利用中央空调制冷，故夏、冬季节用水量与春、秋季节用水量有较大的变化和差异，在进行年取水量、年用水量、年重复利用率等分析、计算时应考虑季节性用水的影响。

一、单位基本概况

北京市某局是北京市的政府机构，位于北京市主城区，占地面积2.5 万 m^2，建筑面积 9.0 万 m^2，绿化面积 0.66 万 m^2。

水平衡测试期间，该机关有办公大楼、员工餐厅、员工浴室、冷却塔、锅炉房和绿化等用水部门和用水设施；有办公、物业、保安、保洁等员工，日常平均出勤人数约 4600 人，平均日到访流动人员约 800 人。

二、单位用水情况

（一）单位用水水源及排水情况

单位取水水源为市政供水管网供给的自来水，自市政供水管网主干线分支后，由大院门外分东、西两路供水管道供水。其中，西路供水管道管径为 100mm，东路供水管道管径为 150mm。两路供水管道在机关大院内汇成一路供水主管线后，依次分别供给 1 号办公楼、6 号办公楼、职工餐厅、锅炉房、员工浴室、4 号办公楼、2 号办公楼、办公楼冷却塔补水和大院绿化用水等。大院内各用水部门的生活污水由各自的污水管网分别排入机关化粪池，而后经污水主管道排入市政污水管网。该单位取水水源基本情况统计见表 9 – 2。

表 9 – 2　　　　　　　　北京市某局取水水源情况统计表

序号	水源类别	新水量						水质				主要用途
		常规水源取水			非常规水源取水			水温/℃	pH值	硬度/(mg/L)	浊度/(mg/L)	
		设计水量/(m³/d)	实际水量/(m³/d)	输水管径规格(mm)×数量	设计水量/(m³/d)	实际水量/(m³/d)	输水管径规格(mm)×数量					
1	自来水		231.2	DN100×1								生活
2	自来水			DN150×1								生活

（二）单位主要用水工艺和用水设备情况

该单位主要用水有空调制冷、调湿、锅炉供暖、餐厅、办公、洗浴、绿化等。主要用水设备有全自动燃气热水锅炉 3 台（用 1 备 2）；有 1 号、2 号楼中央空调系统的冷却塔 18 台，冷却循环水泵 6 台（日常用 3 备 3）；有冷水机组 3 台（用 2 备 1），直燃型溴化锂吸收式冷热水机组 2 台，立式容积式热交换罐 1 个，4m³ 的补水箱 1 个，供员工洗浴的小型燃气热水锅炉 1 台，软化水罐 2 个等。

（三）单位用水管理及水表配备情况

单位的用水管理由局机关机电运行处负责。在节约用水、科学管水的理念下，该局先后建立健全了各用水部门的用水台账，并根据《北京市城市部分行业用水定额》制定了节水、用水管理制度，将用水指标纳入年度考核指标之内。

水平衡测试时期间，该局共安装各级计量水表 24 块，均完好无损。其中：安装一级水表 2 块，一级水表计量率 100％；安装二级水表 14 块，二级水表计量率 97.4％；安装三级水表 8 块，三级水表计量率达到 95.3％。单位计量水表配备基本情况见表 9-3。

表 9-3　　　　　　北京市某局计量水表配备情况统计表

序号	所在位置	水表型号	水表精度	序号	所在位置	水表型号	水表精度
1	单位西大门	LXS-100C	2.5级	13	2号楼 B1 层水箱间	LXS-80C	2.5级
2	单位东大门	LXS-150C		14	1号楼西南侧	LXS-40C	
3	1号楼 B1 层夹层	LXS-50C		15	绿化地井内	LXS-80C	
4	1号楼 25 层水箱间	LXS-100C		16	绿化地井内	LXS-80C	
5	6号楼北侧	LXS-40C		17	锅炉房内	LXS-50C	
6	职工餐厅东侧	LXS-50C		18	浴室内	LXS-50C	
7	职工餐厅南侧	LXS-80C		19	浴室内	LXS-50C	
8	职工餐厅西侧	LXS-40C		20	锅炉房内	LXS-50C	
9	锅炉房内	LXS-100C		21	2号楼 B2 层机房内	LXS-50C	
10	锅炉房内	LXS-100C		22	2号楼 B2 层机房内	LXS-50C	
11	车队内	LXS-20C		23	2号楼 B2 层机房内	LXS-50C	
12	4号楼 1 层水房	LXS-32C		24	2号楼 3 层楼顶	LXS-65C	

（四）单位历年用水概况

经调查、统计，北京市某局历年取水量在 8.73 万～10.27 万 m^3，且有历年降低的趋势。其中，年利用循环水量达到 108 万 m^3 以上，水的重复利用率达到 92.0％，间接冷却水循环率达到 99.5％。该单位历年用水情况见表 9-4。

表 9-4　　　　北京市某局历年用水情况统计表

年份	新水量/万 m³	重复利用水量/万 m³					其他水量/万 m³			考核指标					
	自来水	直接冷却水循环量	间接冷却水循环量	其他循环水量	蒸气冷凝回用量	其他串联水量	排水量	漏失水量	耗水量	单位人均取水量/(L/d)	重复利用率/%	间接冷却水循环率/%	漏失率/%	达标排放率/%	非常规水资源替代率/%
2009	10.27		108.1				8.02	0	2.25	61.2	91.3	99.5	0	100	0
2010	9.49		108.3				7.36	0	2.13	56.5	91.9	99.5	0	100	0
2011	8.73		109.2				6.73	0	2.00	52.0	92.6	99.5	0	100	0

三、水平衡测试方案

（一）水平衡测试边界与测试系统

按 GB/T 12452—2008《企业水平衡测试通则》及《北京市用水单位水量平衡测试管理规定》的要求，本次水平衡测试自 5 月 4 日起，至 5 月 18 日结束，历时 15 天。测试范围为机关内的工作用水，辅助工作和附属工作用水。以该机关供水水源为总系统，以办公楼、餐厅、锅炉房、中央空调、浴室、绿化等用水单元为子系统进行划分，直至用水终端。

（二）制定水平衡测试方案

经水平衡测试人员对测试单位内的管网布局、用水设备、设施、计量仪表配备和节水器具及节水措施等情况进行调查统计，绘制出给排水管网图后，结合水平衡测试规范要求，制定出如下水平衡测试方案：

（1）以总取水口、总排水口为测试重点，以监测平衡各用水单元、用水设备、用水工艺为原则，采用一次平衡法进行水平衡测试。

（2）水平衡测试周期为 15d。其中：现场供排水管网勘察、基础资料收集调查时间为 2d；各用水单元和单台设备连续测试时间为 7d；资料汇总、数据分析、报告编制时间为 6d。

（3）对用水单元和机关的总外排污水采用容积法、小浮标法、仪器法等进行测量；对地面以上外漏的阀门、水龙头等能测到的漏损水量均采用容积法进行测量。

（4）为判定供水管网是否渗漏，采用静态平衡方法进行测定。平衡测试时间定为 5 月 4 日 9：00—9：30。

四、水平衡测试结果

（一）单位水平衡测试结果

通过对北京市某局水平衡测试数据的整理、分析和计算，按要求编制了该局用水现状水平衡测试统计表，绘制了该局水平衡图。其中，现状水平衡测试成果见表 9-5，局机关水平衡测试统计见表 9-6，各类用水分析见表 9-7，局机关水平衡图见图 9-1。

表 9-5　　　　北京市某局现状水平衡测试成果统计表

序号	项　　目			
1	日取水量/(m³/d)	231.2	日用水量/(m³/d)	231.2
2	间接冷却循环水量/(m³/d)	9009.0	间接冷却循环率/%	99.5
3	重复利用水量/(m³/d)	9105.0	重复利用率/%	93.0

注　表中间接冷却循环水量、重复利用水量为往年实际利用数据。

表 9-6　　　　北京市某局水平衡测试统计表　　　　单位：m³/d

用水分类	用水单元名称	新水量		重复利用水量					其他水量		
		常规水资源量	非常规水资源量	直接冷却循环水量	间接冷却循环水量	工艺水回用量	生活回用水量	串联回用水量	排水量	漏失水量	耗水量
		自来水	城镇污水再利用								
主要办公用水	办公用水	145.1							143.0		2.1
	1 号楼空调	10.1									10.1
	2 号楼空调	3.4									3.4

续表

用水分类	用水单元名称	新水量		重复利用水量					其他水量		
		常规水资源量 自来水	非常规水资源量 城镇污水再利用	直接冷却循环水量	间接冷却循环水量	工艺水回用量	生活回用水量	串联回用水量	排水量	漏失水量	耗水量
辅助办公用水	餐厅用水	41.6							37.6		4.0
	浴室用水	10.9							10.9		
	锅炉补水	1.2									1.2
附属办公用水	绿化用水	18.9									18.9
水量合计		231.2							191.5	0	39.7
取水量计算		231.2									
总用水量计算		231.2									

注　水平衡测试期间，该单位既没用夏季中央空调制冷水，也没用冬季供暖水，故表中无各类重复利用水量。

表 9-7　　　　　　　　北京市某局用水分析表

用水类别		用水量 /(m³/d)	占总用水量的比例 /%	新水量 /(m³/d)	占总新水量的比例 /%	重复利用水量 /(m³/d)	排水量 /(m³/d)	耗水量 /(m³/d)	漏失水量/ (m³/d)
主要办公用水	间接循环冷却水 办公用水	145.1	62.7	145.1	62.7		143.0		2.1
	1号楼空调用水	10.1	4.4	10.1	4.4				10.1
	2号楼空调用水	3.4	1.5	3.4	1.5				3.4
辅助办公用水	餐厅用水	41.6	18.0	41.6	18.0		37.6		4.0
	浴室用水	10.9	4.7	10.9	4.7		10.9		
	锅炉补水	1.2	0.5	1.2	0.5				1.2

续表

	用水类别	用水量/(m³/d)	占总用水量的比例/%	新水量/(m³/d)	占总新水量的比例/%	重复利用水量/(m³/d)	排水量/(m³/d)	耗水量/(m³/d)	漏失水量/(m³/d)
附属办公用水	绿化用水	18.9	8.2	18.9	8.2				18.9
工作用水合计		231.2	100	231.2	100		191.5	0	39.7

单位人均取水量：50.3L/d	直接冷却水循环率：0	冷凝水回用率：0	漏失率：0	达标排放率：100
重复利用率：93.0%	间接冷却水循环率：99.5%	排水率：82.8%	废水回用率：0	非常规水资源替代率：0

非办公用水	基建								
	外供居民生活								
	外供其他用水								
	消防等其他								
非生产用水合计									

注 重复利用率和间接冷却水循环率系参考往年中央空调、锅炉取暖系统运转时的实际利用数据。

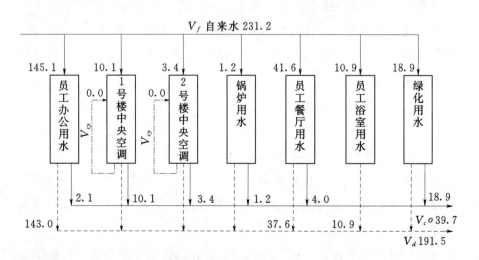

图 9-1 北京市某局水平衡图（单位：m³/d）

（二）单位用水合理性分析

（1）办公用水分析。该局办公用水主要为本单位职工及外来流动人员的用水，包括办公、物业、保安、保洁、外来等人员。其中，日平均出勤员工 4600 人，日平均流动人员约 800 人左右。主要用水为楼内门窗玻璃、楼道地面、办公室内、公共区域清洁擦拭的保洁用水、洗漱间洗手盆用水、卫生间用水等，所用洁具全部为节水型器具。

经统计，办公区有男、女卫生间 105 座，共安装红外感应开关小便池 61 个，延时自闭开关小便池 65 个，延时自闭开关大便池 310 个，红外感应开关手盆 104 个，扳把儿开关洗手盆 123 个，陶瓷芯墩布池 105 个，配有 37 台电热水器（40L）为员工提供饮用开水。

水平衡测试期间，该局机关办公楼日取水量为 145.1m³，人均（总人数按 4800 人计，其中外来人口按流动总人口的 1/4 计算）取水量为 30L/d。与《北京市城市部分行业用水定额（试行 2002 年）》中规定的"企事业单位办公人均用水≤50L/（人·d）"的定额标准相比，用水比较节约。

（2）1 号楼中央空调系统用水分析。1 号楼中央空调设备为 1 号楼夏季供冷，年运行 4 个月，日开机 11h 左右。主要用水为冷却塔补水。测试期间，1 号楼中央空调系统尚未启用，用水主要为打压试水、冲洗管道以及管道内补水，日均用水量为 10.1m³。根据往年用水记录计算，制冷期内日均补水量为 20.68m³，日冷却水循环量为 3465m³，日冷却水循环率为 99.4%。

（3）2 号楼中央空调系统用水分析。2 号楼中央空调设备为 2 号楼夏季供冷，年运行 4 个月，日开机 11h 左右。主要用水为冷却塔补水。测试期间，2 号楼中央空调系统也未启用，用水主要为打压试水、冲洗管道以及管道内补水，日均用水量为 3.4m³。根据往年用水记录计算，制冷期内日均补水量为 27.6m³，日冷却水循环量为 5544m³，日冷却水循环率为 99.5%。

（4）锅炉用水分析。锅炉房供应单位办公楼的冬季供暖，供暖期为4 个月，全天 24h 供暖，供暖面积为 9 万 m²。主要用水为锅炉补水、化盐反冲洗等用水。测试期间为非供暖期，锅炉系统尚未启用，用水主要为冲洗管道以及补充软化水，测试期间日均用水量为 1.2m³。

（5）员工餐厅用水分析。员工餐厅有工作人员 80 人，日供 3 餐。主要用水为餐厅内外保洁、卫生用水，主副食制作、洗菜、洗水果、洗碗盘和后厨清洁用水。日均制作主食、汤、粥等饮食 400kg，耗水约 4.0m³。

水平衡测试期间，餐厅日均用水 41.6m³，日均就餐客流量 4000 人次左右，人均就餐用水量 104L/（人·d）。与《北京市城市部分行业用水定额（试行 2002 年）》中所规定的"事业单位食堂用水 167L/（人·d）"的定额标准相比，用水相对节约。

（6）员工浴室用水。该单位由锅炉房一台小型燃气热水锅炉专门为员工浴室供应热水。机关共有男、女浴室各 1 座；有插卡式电磁卡控制器开关淋浴喷头 46 个，陶瓷芯开关洗手盆 2 个。主要用水为员工卫生洗浴用水。水平衡测试期间，员工浴室日均用水 10.9m³，日均洗浴人数 130 人左右，人均洗浴用水约 83L/（人·次），符合《北京市城市部分行业用水定额（试行 2002 年）》中所规定的"安装淋浴器的公共浴室用水人均用水量≤100L/（人·次）"的定额标准要求，达到中上等水平。

综合分析，北京市某局工作用水比较合理，冷却水循环率、重复水利用率、单位洗浴取水量、单位就餐取水量等主要用水技术考核指标均达到《北京市城市部分行业用水定额（试行 2002 年）》的要求，且优于或基本优于北京市国家机关的平均用水水平。

五、节水建议（略）

第三节　高等院校水平衡测试案例（摘编）

本案例是在原《天津某大学水平衡测试报告》的基础上，依据 GB/T 12452—2008《企业水平衡测试通则》、GB/T 7119—2006《节水型企业评价导则》改编而成。

天津某大学为综合性高等院校，虽然用水过程较为简单，但学校占地范围宽广，用水单位和用水部门数量众多，用水种类繁杂，除主要的教学楼、宿舍、餐厅等用水单元外，还有大量的服务类用水等。

测试单位在深入调查和广泛收集该校取水水源、供排水管网分布、取用水计量、用水部门、用水流程、节用水管理制度等相关资料和现场查勘的基础上，采用逐级平衡法进行了水平衡测试，填写了水平衡测试统计表，绘制了水平衡图，编制了水平衡测试报告书。

该大学的主要用水有教学科研用水、供热制冷用水、职工学生的生活用水、除尘绿化用水、卫生洗浴用水等。除卫生、绿化等用水外，要求水质达到 GB 5749—2006《生活饮用水卫生标准》。

该校建有污水处理设施，经处理后的中水主要用于学生宿舍冲厕、校园绿化和景观用水等，但中水利用量不大。尤其是生活用水部分，用水消耗量小，污水排放率高，若能扩大污水处理回用能力，将是重要的节水措施。

一、学校基本概况

天津某大学，始建于 1895 年，1951 年经国家院系调整定名为天津某大学。该大学是教育部直属的国家重点大学，位于天津市主城区，占地面积 146.7 万 m²，其中建筑面积 129.0 万 m²，绿化面积 12.3 万 m²。下设机械工程学院、建筑学院、化工学院、计算机科学与技术学院等，另外附设有中学和小学。水平衡测试期间，该大学有教职员工 4500 人，在校学生 31554 人。

二、学校用水情况

（一）学校取水水源

学校使用的水源全部来自市政自来水公司的公共管网供水，由普通自来水和地热水两部分组成，分由六里台、大操场、综合楼、七里台、四季村、地热中心泵站等处就近引入学校供水管网为全校供水。取水水源情况见统计表 9-8。

表 9-8　　　　　　　天津某大学取水水源情况统计表

序号	水源类别	新水量						水质				主要用途
		常规水源取水			非常规水源取水			水温/℃	pH	硬度/(mg/L)	浊度/(mg/L)	
		设计水量/(m³/d)	实际水量/(m³/d)	输水管径规格/mm ×数量	设计水量/(m³/d)	实际水量/(m³/d)	输水管径规格/mm ×数量					
1	自来水	8000	7000	DN300×1				20.1	7.5	354	<DL	教学、生活
2				DN200×1								
3				DN300×1								
4				DN200×1								
5				DN400×1								
6	地热水	1000	340	DN150×1								

（二）学校历年用水情况

经调查统计，天津某大学在 2003—2005 年，年取水量在 174 万～216 万 m³，人均生活日取水量维持在 103～114L。其中，自 2004 年开始利用中水后，取用的新水量逐年下降。2004 年和 2005 年，年利用的中水量均为 44.0 万 m³，非常规水源替代率分别达到 18.8％和 20.2％，学校历年用水情况见表 9-9。

表 9-9　　　　　　天津某大学历年用水情况统计表

年份	新水量/万 m³		重复利用量/万 m³	其他水量/万 m³			考核指标					
	自来水	地热水	其他循环水量	中水回用水量	排水量	漏损水量	耗水量	人均生活取水量/(L/d)	重复利用率/%	间接冷却水循环率/%	漏失率/%	达标排放率/%	非常规水源替代率/%
2003	216			0	202	0	14.0	114	0		0	100	0
2004	190			44.0	178	0	12.4	105	18.8		0	100	18.8
2005	174			44.0	163	0	11.3	103	20.2		0	100	20.2

（三）学校用水管理及水表配备情况

该校领导非常重视节约用水工作，将用水计量和节水管理交由后勤处水电管理中心具体负责，先后将学生公寓卫生间全部安装了节水型阀门；建立了3套中水回用装置；3套冷却水循环系统（夏季制冷用）和6个换热站；利用中水浇灌校内部分绿化草坪和补充景观喷泉用水；将中水引入部分公寓卫生间作冲厕用水；分批分期地对院系、家属区、学生公寓等用水单元安装了计量水表；逐步建立了用水部门的用水量记录档案和用水器具维修与节约用水管理等规章制度。

水平衡测试期间，该学校共装有各类计量水表179块，其中：一级水表配备率达到100%；二级水表配备率达到93.5%；一级、二级计量水表综合配备率为93.7%。计量水表配备情况见表9-10，计量水表安装位置及规格型号等详细情况见表9-11。

表9-10　　　天津某大学计量水表配备情况统计表

项　目	计量水表级别		项　目	计量水表级别	
	一级	二级		一级	二级
应配备数/块	6	185	配备率/%	100	93.5
已配备数/块	6	173	一级、二级水表综合配备率/%	93.7	

表9-11　　　天津某大学计量水表安装位置情况统计表

序号	水表安装地点	水表级别	水表精确度	水表型号规格/mm	供水管网直径/mm	备注
1	六里台总表			ZSX400	DN300	
2	大操场总表			ZSX200	DN150	
3	地热中心总表	—	2.0级	ZSX200	DN150	进户表
4	综合楼总表			ZSX300	DN200	
5	七里台总表			ZSX200	DN150	
6	四季村总表			ZSX300	DN200	

续表

序号	水表安装地点	水表级别	水表精确度	水表型号规格/mm	供水管网直径/mm	备注
7	石化大楼			LXS200	DN200	
8	北洋科学楼			LXS150	DN150	
9	北洋科学楼			LXS100	DN100	
10	水利馆			LXS100	DN100	
11	内燃机实验楼			LXS100	DN100	
12	建筑馆			LXS100	DN100	
13	天大附中	二	2.0级	LXS80	DN80	
14	天大附小			LXS80	DN80	
15	管理学院			LXS100	DN100	
16	二十三教学楼			LXS100	DN100	
17	工会			LXS50	DN50	
18	王学仲艺术馆			LXS50	DN50	
19	十一教学楼			LXS200	DN200	
⋮	⋮	⋮	⋮	⋮	⋮	⋮
165	浴室			LXS100	DN100	
166	第七教学楼			LXS100	DN100	
167	第二学生食堂			LXS100	DN100	
168	第三学生食堂			LXS80	DN80	
169	第六学生食堂			LXS100	DN100	
170	幼儿园			LXS80	DN80	
171	清真食堂			LXS80	DN80	
172	洗衣房	二	2.0级	LXS50	DN50	
173	天大化工厂			LXS80	DN80	
174	联合大厦			LXS50	DN50	
175	四季商场			LXS40	DN40	
176	四季村市场			LXS50	DN50	
177	河北一建			LXS40	DN40	
178	豆腐房			LXS25	DN25	
179	洋味快餐			LXS25	DN25	

（四）学校主要用水部门和用水设备情况

学校主要用水部门有教学楼、学生公寓、教学实验基地、学生餐厅、校园绿化、学校招待所、家属生活区、学校服务区等。主要用水设备有：餐饮设备、淋浴设备、制水设备、电热水器、游泳馆、换热站、重点试验设备等。经统计，该校主要用水设备共计 5344 台（套），其中：有洗漱间或卫生间 869 套；有中、小型热水器 111 台；有学生浴室或淋浴间 15 套；有家属单元房及招待所客房 4332 套；有炊事设备及制水机、洗衣机等 17 套。学校主要用水设备见统计表 9 - 12。

表 9 - 12　　　　　天津某大学主要用水设备情况统计表

用水设备 统计区域	用水 设备合计 /台（套）	洗漱间 或卫生间 /套	中小型 热水器 /台	学生浴室 或淋浴间 /个	家属单元房 及招待所 客房/套	炊事设备及 制水机、洗 衣机/套
教学楼区域	323	297	25			
成教楼区域	69	34	35			
教学实验区	47	42	5			
鹏翔学生公寓区	118	104	3	11		
六里台公寓区	216	173	41	2		
七里台公寓区	117	114	1	2		
辅助部门	599	65			522	12
行政办公区域	3814	4			3810	
校区服务部门	28	23				5
其他部门	13	13				
合计	5344	869	111	15	4332	17

三、水平衡测试方案

根据《天津市节约用水条例》《取水许可监督管理办法》及天津市节约用水办公室《关于下达年度水平衡测试计划的通知》精神，按天津市节水办的统一安排，受天津某大学的委托，能源利用测试站于 12 月

4—8日对该校进行了水平衡测试。

（一）水平衡测试边界与测试系统

按照 GB/T 12452—2008《企业水平衡测试通则》要求，以全校自来水（含地热水）供水水源为总系统，以六里台、大操场、综合楼、七里台、四季村 5 处普通自来水供水系统和六里台、七里台 2 处地热水供水系统及鹏翔学生公寓、行政办公区域、绿化景观等 3 处中水供水系统为子系统，划分出教学楼区、成教楼区、教学实验区、鹏翔学生公寓区、六里台公寓区、七里台公寓区、辅助部门、行政办公区域、校区服务部门、家属生活区等约 20 个主要用水单元和若干用水部门，直至用水终端。

（二）制定水平衡测试方案

在学校后勤处水电管理中心的密切配合下，经水平衡测试人员对学校基本情况进行详细了解、调查、统计的基础上，对测试现场进行实地勘查后，结合学校供排水管网、用水系统、用水部门等情况制定的水平衡测试方案如下：

（1）以全校供水总系统、子系统、用水单元、用水部门、用水设备为控制点，采用逐级平衡法进行水平衡测试。测试期间对供水管网的跑、冒、滴、漏观测独立进行。

（2）测试队伍分为 3 个测试小组，现场测试时间为 12 月 4—8 日，每一测试单元测试周期为 7d，每个监测点观测记录数据 15 个（次）。全校水量测试资料的汇总、分析、整理、校对时间为 3d，外业测试时间于 12 月 22 日结束。

（3）要求供水系统、用水单元、用水部门的新水量以水表计量为主，中水利用量、循环水利用量以污水处理设备的处理能力和循环水泵额定流量及开机时间等方法进行推算，排水量以流速仪法、小浮标法、容积法等进行测试。

（4）对 9 号教学楼、青年公寓、管理学院西院等未安装二级计量水表的用水单元或用水部门的新水量以管道流量计测试为主；对用管道流量计测试困难或不能测试的区域，以用水人数、用水设备、用水面积、用水定额等调查、推算为辅。

四、水平衡测试结果

（一）全校水平衡测试结果

通过对天津某大学水平衡测试数据的整理与分析，计算出该校水平衡测试结果，编制了全校水平衡测试统计表、用水分析表，绘制了全校水量平衡图。该校用水现状水平衡测试成果见表 9－13；水平衡测试统计见表 9－14，水量平衡总图见图 9－2；全校各类用水分析见表 9－15。

表 9－13　　　　　　天津某大学现状水平衡测试成果表　　　　　　单位：m³/d

取水量	普通自来水	地热水	总用水量	新水量		重复利用量		排水量
				教学用水量	生活用水量	中水利用量	循环热水量	
6852.0	6512.0	340.0	41722.0	2991.6	3860.4	574.0	34296.0	6374.6
重复利用率：83.6%		排水率：93.0%				人均生活取水量：107L/d		

注　生活用水量是对各用水单元的实际统计数据。

（二）用水单元水平衡测试结果

根据制定的水平衡测试方案，依次对教学授课区、教学实验区、学生公寓区、学校服务区、家属生活区等用水单元进行了水平衡测试，编制了水平衡测试统计表，绘制了水平衡总图。因受案例篇幅要求所限，各用水单元水平衡图和各类单台设备测试统计表在此略去；各用水单元水平衡测试统计见表 9－16～表 9－21。

（三）学生用水合理性分析

（1）人均取水量合理性分析。水平衡测试期间，天津某大学有教职员工 4500 人，在校学生 31554 人，该校日生活取水量为 3860.4m³，人均生活取水量为 107.0L/（人·d），符合 GB/T 50331—2002《城市居民生活用水量标准》中"二类地区城市居民生活用水量标准规定的 85～140L/（人·d）"的标准要求，符合《天津市城市生活用水定额》中

表9-14　天津某大学水平衡测试统计表

单位：m³/d

用水分类	用水单元名称	新水量		重复利用水量				排水量	其他水量	
		常规水源量	非常规水源量	冷却循环水量	热水循环量	中水回用量	串联水量		漏失水量	耗水量
		自来水	地热水							
主要教学用水	教学一、二、三区域	1042.0						1031.6		10.4
	成教楼区域	326.0						311.0		15.0
	教学实验一	350.0						348.5		1.5
	教学实验二	232.0						232.0		
辅助教学用水	行政办公区域一	661.0			7104.0			661.0		
	行政办公区域二	41.5			8400.0	288.0		41.5		
	辅助部门一、二、三	918.0			7200.0			866.2		51.8
附属教学用水	六里台一、二、三公寓	1135.0	217.0		5376.0			1344.0		8.0
	七里台公寓	542.5	123.0		2016.0			660.0		5.5
	鹏翔学生公寓	575.0			4200.0	192.0		567.0		8.0
	校区服务部门一、二	82.5						76.3		6.2
	其他部门及绿化景观	606.5				94.0		235.5		371.0
水量合计		6512.0	340.0		34296.0	574.0		6374.6	0	477.4
取水量计算					6852.0					
总用水量计算					41722.0					

注　由于部分用水单元用水类别不同，故本统计表中个别数据与用水单元统计表中的部分数据有出入，为调整所致，不影响总体计算。

193

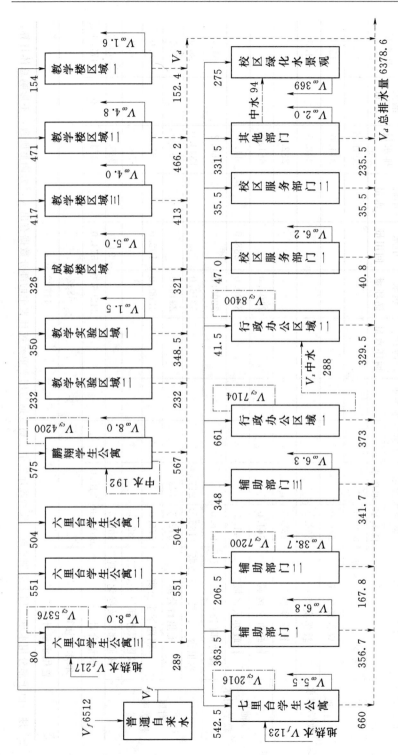

图 9 - 2 天津某大学水平衡总图（单位：m³/d）

表 9 – 15　　　　　　　　　天津某大学用水分析表

	用水类别	用水量/(m³/d)	占总用水量比例/%	新水量/(m³/d)	占总新水量比例/%	重复利用水量/(m³/d)	排水量/(m³/d)	耗水量	漏失水量/(m³/d)
主要教学用水	教学楼区	1368.0	3.28	1368.0	19.96		1342.6	25.4	
	教学实验区	582.0	1.39	582.0	8.49		580.5	1.5	
辅助教学用水	辅助部门	877	2.10	877	12.80		825.2	51.8	
	行政办公区	298.0	0.71	10	0.15	288.0	10		
	办公区锅炉用水	22817.5	54.69	113.5	1.66	22704.0	113.5		
附属教学用水	公寓区及绿化	3081.5	7.39	2795.0	40.80	286.0	2405.0	390.5	
	公寓区锅炉用水	11664.0	27.96	72.0	1.05	11592.0	72.0		
	校区服务等	414.0	0.99	414.0	6.04		405.8	8.2	
	家属区	620.0	1.49	620.0	9.05		620.0		
用水量合计		41722.0	100.0	6852.0	100.0	34870.0	6374.6	477.4	0
人均取水量：107L/(人·d)		直接冷却水循环率：0		冷凝水回用率：0		漏失率：0		达标排放率：100%	
重复利用率：83.6%		间接冷却水循环率：0		排水率：93.0%		废水回用率：8.4%		非常规水源替代率：7.7%	
非教学用水	基建								
	外供家属区								
	外供其他用水								
	消防及其他								
非生产用水合计									

注　由于部分用水单元用水类别不同，故本统计表中个别数据与用水单元统计表中的部分数据有出入，为调整所致，不影响总体计算。

规定的每日每人为 70～120L 的居民生活用水定额标准。

（2）学校现有节水措施及节水水平衡分析。通过对天津某大学的水平衡测试可以看出，该校为做到节约用水和科学管水采取了一系列措施：一是对教学楼内的卫生间和学生公寓楼内的卫生间均安装了延时开关阀门；二是用中水对学校喷水景观补充水；三是对部分校区草坪绿化利用中水浇灌；四是建立了三套中水处理装置，利用处理后的中水对部分教学楼和学生公寓卫生间进行冲厕等节水措施。学校为此先后成立了

表 9-16　天津某大学教学楼区域用水单元水平衡测试表

单位：m³/d

用水单元	工序或设备名称	总用水量	输入水量						输出水量					耗水量
			新水量	循环水量		串联水量		循环水量		串联水量		排水量	漏失水量	
			自来水	直接冷却循环水量	间接冷却循环水量	回用水量	其他串联水量	直接冷却循环水量	间接冷却循环水量	回用水量	其他串联水量			
教学楼区域一	1～4 号教学楼卫生间	70.5	70.5									70.5		
	2～8 号教学楼卫生间	83.5	83.5									81.9		1.6
	合计	154.0	154.0									152.4	0	1.6
教学楼区域二	9～11 号教学楼卫生间	182.5	182.5									180.8		1.7
	12～15 号教学楼卫生间	112.5	112.5									111.2		1.3
	16～17 号教学楼卫生间	176.5	176.0									174.2		1.6
	合计	471.0	471.0									466.2	0	4.8

续表

用水单元	工序或设备名称	总用水量	输入水量								输出水量							
			新水量	循环水量		串联水量				循环水量		串联水量		排水量	漏失水量	耗水量
			自来水	直接冷却循环水量	间接冷却循环水量	回用水量	其他串联水量			直接冷却循环水量	间接冷却循环水量	回用水量	其他串联水量			
教学楼区域三	18～20号教学楼卫生间	132.5	132.5											130.7		1.3
	21～24号教学楼卫生间	179.0	179.0											176.3		2.7
	25号教学楼至东西阶梯教师卫生间	106.0	106.0											106.0		
	合计	417.0	417.0											413.0	0	4.0
成教楼区域	成教楼宿舍区洗漱、卫生间	189.0	189.0											189.0		
	C区教学区卫生间、水池	122.0	122.0											122.0		
	电热水器35台	15.0	15.0													15.0
	合计	326.0	326.0											311.0	0	15.0

表 9 - 17　　天津某大学教学实验区用水单元水平衡测试表

单位：m³/d

用水单元	工序或设备名称	总用水量	输入水量						输出水量						排水量	漏失水量	耗水量
			新水量		循环水量		串联水量		循环水量		串联水量						
			自来水	地热水	冷却循环水量	循环热水量	中水回用量	其他串联水量	冷却循环水量	循环热水量	中水回用量	其他串联水量					
教学实验区一	重点实验室卫生间	171.0	171.0												171.0		
	水利馆卫生间	124.0	124.0												124.0		
	石化大楼、海港实验楼	15.0	15.0												15.0		
	王学仲研究所	2.0	2.0												2.0		
	化工、大结构、网架实验室	26.5	26.5												26.5		
	教育学院、计算机中心等	11.5	11.5												10		1.5
	合计	350.0	350.0												348.5		1.5
教学实验区二	地热中心卫生间2处	126.0	126.0												126.0	0	
	地热实验楼2处	29.0	29.0												29.0		
	内燃机实验楼、金工实验楼	18.5	18.5												18.5		

续表

用水单元	工序或设备名称	总用水量	输入水量						输出水量					排水量	漏失水量	耗水量
			新水量		循环水量		串联水量		循环水量		串联水量					
			自来水	地热水	冷却循环水量	循环热水量	中水回用量	其他串联水量	冷却循环水量	循环热水量	中水回用量	其他串联水量				
教学实验区—	泥沙楼、综合试验楼	7.0	7.0											7.0		
	北洋科学楼	9.5	9.5											9.5		
	实习训练中心水池	11.0	11.0											11.0		
	冯骥才艺术馆、金相楼等	31.0	31.0											31.0		
	合计	232.0	232.0											232.0	0	0

表9－18　天津某大学公寓区用水单元水平衡测试表　　　　单位：m³/d

用水单元	工序或设备名称	总用水量	输入水量						输出水量					排水量	漏失水量	耗水量
			新水量		循环水量		串联水量		循环水量		串联水量					
			自来水	地热水	冷却循环水量	循环热水量	中水回用量	其他串联水量	冷却循环水量	循环热水量	中水回用量	其他串联水量				
六里台公寓区—	31斋洗漱间卫生间	41.0	41.0											41.0		

续表

用水单元	工序或设备名称	总用水量	输入水量						输出水量						排水量	漏失水量	耗水量
			新水量		循环水量		串联水量		循环水量		串联水量						
			自来水	地热水	冷却循环环水量	循环热水量	中水回用量	其他串联水量	冷却循环环水量	循环热水量	中水回用量	其他串联水量					
六里台公寓区一	35~41斋洗漱间卫生间	271.0	271.0												271.0		
	45~46斋洗漱间卫生间	192.0	192.0												192.0		
	合计	504.0	504.0												504.0	0	0
六里台公寓区二	25~30斋洗漱间卫生间	270.0	270.0												270.0		
	32~34斋洗漱间卫生间	144.0	144.0												144.0		
	43~44斋洗漱间卫生间	137.0	137.0												137.0		
	合计	551.0	551.0												551.0	0	0
六里台公寓区三	电热水器41台	8.0	8.0														8.0
	学生浴室2处	252.0	35.0	217.0											252.0		

续表

用水单元	工序或设备名称	总用水量	输入水量 新水量 自来水	输入水量 新水量 地热水	输入水量 循环水量 冷却循环水量	输入水量 循环水量 循环热水量	输入水量 串联水量 中水回用量	输入水量 串联水量 其他串联水量	输出水量 循环水量 冷却循环水量	输出水量 循环水量 循环热水量	输出水量 串联水量 中水回用量	输出水量 串联水量 其他串联水量	输出水量 排水量	输出水量 漏失水量	耗水量
六里台公寓区三	学生宿舍第2供热站	5413.0	37.0			5376.0				5376.0			37.0		
	合计	5673.0	80.0	217.0		5376.0				5376.0			289.0	0	8.0
七里台公寓区	47～53斋洗漱间卫生间	418.0	418.0										418.0		
	友园、留园洗漱间卫生间	92.0	92.0										90.0		2.0
	学生浴室2处	144.5	21.5	123.0									141.0		3.5
	二十五教学楼供热站	2027.0	11.0			2016.0				2016.0			11.0		
	合计	2681.5	542.5	123.0		2016.0				2016.0			660.0	0	5.5

表 9－19　　天津某大学鹏翔学生公寓区及其他部门用水单元平衡测试表

单位：m³/d

用水单元	工序或设备名称	总用水量	新水量 自来水	新水量 地热水	循环水量 直接冷却循环水量	循环水量 循环热水量	串联水量 中水回用量	串联水量 其他串联水量	输出循环水量 冷却循环水量	输出循环水量 循环热水量	输出串联水量 中水回用量	输出串联水量 其他串联水量	排水量	漏失水量	耗水量
鹏翔学生公寓	54斋洗漱间卫生间	301.0	301.0										301.0		
	56斋洗漱间卫生间	209.0	209.0										209.0		
	电热水器3台	4.0	4.0												4.0
	淋浴间11处	37.0	37.0										37.0		
	卫生间52套	188.0					188.0				188.0				
	绿化1处	4.0					4.0								4.0
	换热站1处	4224.0	24.0			4200.0				4200.0			24.0		
	合计	4967.0	575.0			4200.0	192.0			4200.0	188.0		571.0	0	8.0
其他部门	甲字楼、乙字楼	217.5	217.5										217.5		
	木工厂	72.0	72.0										72.0		
	花窖1处	2.0	2.0												2.0
	其他	40.0	40.0										40.0		
	合计	331.5	331.5										329.5	0	2.0

表 9 - 20　天津某大学辅助部门用水单元水平衡测试表

单位：m³/d

用水单元	工序或设备名称	总用水量	输入水量							输出水量						漏失水量	耗水量
			新水量		循环水量		串联水量		循环水量		串联水量						
			自来水	地热水	冷却循环水量	循环热水量	中水回用量	其他串联水量	冷却循环水量	循环热水量	中水回用量	其他串联水量	排水量				
辅助部门一	招待所、专家楼、青年公寓	119.5	119.5											116.7			2.8
	游泳馆卫生间 2 处	133.0	133.0											133.0			
	卫生院、管理学院、幼儿园	78.5	78.5											77.5			1.0
	体育场、工会卫生间及水池	4.0	4.0											1.0			3.0
	天大附中、附小卫生间 4 处	28.5	28.5											28.5			
	合计	363.5	363.5											356.7		0	6.8
辅助部门二	纯净水厂制水机 1 套	55.0	55.0											16.5			38.5
	科协楼、逸夫楼水池 2 处	108.0	108.0											108.5			

续表

用水单元	工序或设备名称	总用水量	输入水量						输出水量						
			新水量		循环水量		串联水量		循环水量		串联水量		排水量	漏失水量	耗水量
			自来水	地热水	冷却循环水量	循环热水量	中水回用量	其他串联水量	冷却循环水量	循环热水量	中水回用量	其他串联水量			
辅助部门二	电工队、水暖队水池2处	2.5	2.5										2.3		0.2
	第11供热站	7241.0	41.0			7200.0				7200.0			41.0	0	38.7
	合计	7406.5	206.0			7200.0				7200.0			167.8		
辅助部门三	第1～第4学生食堂等	247.0	247.0										241.2		5.8
	图书馆、出版社、体育馆等	85.0	85.0										84.5		0.5
	汽车队、基建房产处水池2处	5.0	5.0										5.0		
	老干部活动中心卫生间水池	11.0	11.0										11.0		
	合计	348.0	348.0										341.7	0	6.3

表 9 - 21　天津某大学行政办公区、校区服务部门用水单元水平衡测试表

单位：m³/d

用水单元	工序或设备名称	总用水量	输入水量						输出水量						
			新水量		循环水量		串联水量		循环水量		串联水量		排水量	漏失水量	耗水量
			自来水	地热水	冷却循环水量	循环热水量	中水回用量	其他串联水量	冷却循环水量	循环热水量	中水回用量	其他串联水量			
行政办公区域一	大学生活动中心水池	7.0	7.0										7.0		
	维修服务、水电管理中心	3.0	3.0										3.0		
	新园村、四季村家属区	620.0	620.0										620.0		
	新园村供热站3台	7135.0	31.0			7104.0				7104.0			31.0		
	全校绿化、水景观喷泉	369.0	275.0				94.0								369.0
	合计	8134.0	936.0			7104.0	94.0			7104.0			661.0	0	369.0
行政办公区域二	10号楼换热站1处	8441.5	41.5			8400.0				8400.0			41.5		
	游泳馆中水站5处	288.0									288.0				
	合计	8729.5	41.5			8400.0		288.0		8400.0	288.0		41.5	0	0

续表

用水单元	工序或设备名称	总用水量	输入水量						输出水量					漏失水量	耗水量
			新水量		循环水量		串联水量		循环水量		串联水量		排水量		
			自来水	地热水	冷却循环水量	循环热水量	中水回用量	其他串联水量	冷却循环水量	循环热水量	中水回用量	其他串联水量			
校区服务部门一	邮电局、银行等水池	24.8	24.8										24.8		
	豆腐房、四季发屋等	22.2	22.2										16.0		6.2
	合计	47.0	47.0										40.8	0	6.2
校区服务部门二	清真、洋味、教六等餐厅	10.9	10.9										10.9		
	出租门市	22.2	22.2										22.2		
	洗衣房	2.4	2.4										2.4		
	合计	35.5	35.5										35.5	0	0

完善的用水管理机构、较好的设备维修队伍和齐全的节约用水管理制度。总之，该校所采取的各项节约用水措施是先进的，节水效果是明显的，节水管理是科学的，是天津市合理用水、节约用水较好的学校，在同行业中处于领先水平。

（四）学校用水节水潜力分析

（1）学校浴室及淋浴间日洗浴用水量为 430.0m³，占学校生活日取水量的 11.1%，由于浴室内均未安装节水器具和设施，这部分用水有浪费现象，具有可挖掘的节水潜力。

（2）水平衡测试期间，学校虽安装有 3 套中小型污水处理设备，但经处理后的中水利用量仅有 574.0m³，非常规水源替代率仅为 7.7%，而日外排污水量达 6378.6m³，排水率高达 93.1%。若扩大污水处理规模，增加中水利用区域和中水利用量，节水潜力巨大。

五、节水建议（略）

第四节　火力发电厂水平衡测试案例（摘编）

张家口某电厂总装机容量 2400MW，是首都北京的重要电源支撑点，也是京、津、唐主电网上的重要枢纽变电站，对北京电网及津、唐电网的支撑作用非常重要。该电厂为采用冷却塔循环冷却供水方式的火力发电厂，主要用水工艺包括冷却循环水、化学制水、汽机用水、锅炉及脱硫用水等，用水工艺复杂。其中，取水量和各类冷却水量是水平衡测试的重点，合理划分和确定用水单元是工作的关键。

对于火力电厂的水平衡测试，除应遵循国家标准 GB/T 12452—2008《企业水平衡测试通则》、GB/T 7119—2006《节水型企业评价导则》外，还应兼顾 DL/T 606.5—2009《火力发电厂能量平衡导则　第5 部分：水平衡试验》、DL/T 783—2001《火力发电厂节水导则》等行业标准的要求。

水平衡测试期间，该电厂总取水量（含外供水）达到 77112m³/d，其中，厂区生产取水量为74568m³/d，生产用水量为3612624m³/d，重复利用水量为3538056m³/d，生产排水量为6480m³/d。经核算，全厂单位发电取水量为2.88m³/（MW·h），生产排水率为8.7%，循环冷却水浓缩倍率为3.0。张家口某电厂用水管理制度健全，管网运行良好，基本无跑冒滴漏现象。

一、企业基本概况

张家口某电厂于1987年6月开工建设，2001年8月全部建成投产运行，总装机容量2400MW。该电厂位于塞外山城的张家口市东南部，距首都北京190km，距煤都大同180km，是首都北京的重要电源支撑点，也是京、津、唐主电网上的重要枢纽变电站。近年来，在上级总公司的大力支持下，该厂开展了诸如烟气脱硫、干灰系统改造、灰场综合治理、炉电除尘器、污水超滤反渗透等多项节能环保项目和工程建设，取得了较好的社会、环境和经济效益。

二、企业供排水系统及用水情况

（一）供水系统

张家口某电厂的供水水源全部为地下水，其水源地建设在张家口山间盆地的洋河河滩之内，共建有25眼机井，其中，一期建有13眼机井，二期又续建12眼机井。两期机井孔径全部为0.45m，机井深度多在110～120m，个别机井深度在80m左右。经抽水试验，25眼机井总供水能力为9000m³/h，平均单井出水量360m³/h，可满足电厂8×300MW机组的用水需要。

水源地的地下水通过抽水泵提取并经集水井汇集后，再经升压水泵分三路管线进入厂区。在厂区内，又由一路和二路供水管线共同引出一路，构成第四路供水管线。四路供水管线分别供给循环水系统、工业水系统、化学除盐水系统、厂区及家属生活区的生活、消防供水系统。

（二）排水系统

厂区内设有循环水、工业废水、雨水、生活污水等各自独立的排水系统。各排水系统的排水分别汇集至含煤废水处理站和生活污水处理站，经过处理后的达标废水一起由总排污口排放到洋河河内。

该电厂原有含煤废水处理站和生活污水处理站各1座，总处理能力为2880m³/d。水平衡测试前，厂方在原处理站的基础上新建了污水处理厂，对总排水口的部分污水进行回收处理，处理后的淡水供给化学制水和凉水塔补水，浓水主要供脱硫处理使用。

（三）历史取水量调查

经调查统计，张家口某电厂2006—2008年的历年总取水量（包括外供水）分别为3685万m³、3808万m³和3893万m³，其中生产取水量分别为3591万m³、3715万m³和3795万m³。张家口某电厂历年生产用水情况见表9-22。

表9-22　　　张家口某电厂历年生产用水情况统计表

年份	新水量/万 m³		重复利用量/万 m³		其他水量/万 m³			考核指标/%		
	地下水	地热水	循环水量	其他串联水量	排水量	漏损水量	耗水量	单位产品取水量	重复利用率	漏失率
2006	3591		3505		438	0	3153	2.95	97.6	0
2007	3715		3615		375	0	3340	2.93	97.3	0
2008	3795		3712		372	0	3423	2.89	97.8	0

（四）企业主要用水工艺流程和用水系统

（1）企业生产用水工艺流程。从水源地所取的水量输送至厂区后，部分水量经化学水处理工序制成除盐水后进入锅炉系统，部分水量进入冷却循环水系统。其中，进入锅炉系统的水通过给水泵送入锅炉受热管道，水在吸收燃料的热量后，变成具有一定压力、一定温度的蒸气，蒸气推动汽轮机做功，从而带动发电机发电。发电后的蒸气经凝汽器凝结成水，再重新进入锅炉加热继续循环使用进入冷却循环水系统的水量，经过加药或中水深度处理系统处理后补给冷却塔进入循环水系统。生产工艺流程见图9-3。

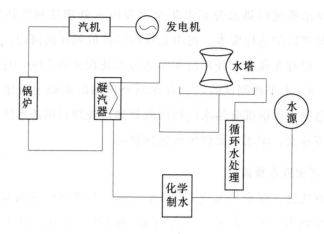

图 9-3　生产工艺流程图

（2）主要生产用水系统。根据企业的主要用水工艺特点，将企业用水概化为冷却循环用水、化学制水、锅炉及汽机用水、生产废水二次利用、中水深度处理、脱硫、附属生产用水、热网用水等 8 个用水子系统。主要用水子系统的用水过程如下：

1）冷却循环水系统。本系统的地下水主要补充一期冷却塔用水的不足，中水主要补充二期和一期部分冷却塔的蒸散发消耗。为提高循环水系统用水的水质，首先将从污水厂来的污水经中水深度处理系统处理，地下水也经加药处理后，再通过冷却塔补水池补给循环水，从而达到提高循环水系统中水的重复利用率。冷却塔补水池的水由循环泵房的水泵提取加压后送入凝汽器对水蒸气进行间接冷却，升温后的循环水也返回到冷却塔进行冷却，以供再次循环利用。不达标的水直接排往综合水泵房储水池及雨水泵房前池。

2）化学制水系统。由生产水源地来的地下水通过供水管道直接进入主厂房的生水预热器，通过空气分离器、凝聚澄清池再到清水池，通过清水泵打到纤维高效过滤器、逆流再生双室阳离子交换器、直连式除二氧化碳器、中间水泵、逆流再生强碱阴离子交换器和混合离子交换等几道工序后，制成除盐水，而后通过除盐水泵打到主厂房补给水箱，供锅炉、热力系统、制纯净水等用水环节使用。化学预处理泥水和化学除盐再生废水，一般 3～5d 向生产废水处理储水池排放一次，经处理后再利用。

3）锅炉及汽机用水系统。由制水环节制成的除盐水进入锅炉通道后，逐渐升温变为过热蒸气而带动汽轮机做功发电。做功后的蒸气经凝汽器冷凝回收至锅炉重新利用。为提高锅炉系统水的重复利用率，在汽、水循环过程中，对部分冷凝回收水量又连续进行精处理，继续供循环利用，从而起到降低排污量的作用。锅炉产生的少量污水，直接排往生产废水处理储水池与化学制水环节排来的污水混合在一起，经处理后再利用。

4）脱硫系统。由 1 号和 2 号炉引风机来的全部烟气，在静叶可调轴流式增压风机的作用下进入吸收塔，烟气自下向上流动，在吸收塔洗涤区（吸收区）内，烟气中的 SO_2、SO_3 被由上而下喷出的吸收剂吸收生成 $CaSO_2$，并在吸收塔反应池中被鼓入的空气氧化，而后再生成 $CaSO_2 \cdot 2H_2O$（石膏）。脱硫后的烟气在除雾器内除去烟气中携带的浆雾后进入回转式烟气换热器，此脱硫后的净烟气被加热至 80℃ 以上，然后送入烟囱排入大气。

脱硫装置工艺水由综合水泵房送至工艺水箱，经工艺水泵打至各处作冲洗水、制浆系统等用水，脱硫所产生的废水通过管道输送至含煤废水，经过处理达标后送往雨水泵房外排。

三、水平衡测试方案

（一）水平衡测试系统

测试系统的划分，系根据生产流程、供水管网等特点，以有利于测试、计算、分析为前提，并符合 GB/T 12452—2008《企业水平衡测试通则》的要求为原则进行划分。根据该厂供水用水特点，划分为以供水水源为总系统，以生消燃储水系统、化学除盐水系统、循环水系统、工业水系统、冲灰水系统、脱硫水系统、污水处理系统等用水子系统的用水体系。

（二）水平衡测试项目

根据张家口某电厂的实际用水情况，水平衡测试将对每个系统的取、用、排、耗水量逐项测定，主要测试项目如下：

（1）全厂各系统、各用水单元的总用水量、总取水量、复用水量、循环水量、消耗水量、排放水量、污水回收量、回用水量等。

（2）循环水系统冷却塔的蒸发损失量、风吹损失量和排污损失量。

（3）计算全厂水的重复利用率、间接冷却水循环率、冷凝水回用率等技术指标。

（4）全厂发电耗水量和单位发电取水量。

（5）填写全厂及各系统的水平衡测试统计表，绘制全厂及各系统的水平衡方块图。

（三）水平衡测试方法及测试手段

张家口某电厂用水系统相对复杂，不同机组在用水方面存在差异。因此，根据各系统和单元的用水特征，进行合理的系统分隔，采用逐级平衡法进行测试和平衡。测试手段主要采用超声波流量计、流速仪、小浮标等，具体情况如下：

（1）针对供水系统、生消燃储系统、化学除盐水系统、污水处理等系统的水量相对稳定且有计量水表的特点，测试期间主要采用校对已有水表，整理历史数据和与超声波流量计测量相结合的手段。

（2）循环水系统、工业水系统、冲灰水系统水量波动相对较大，测试条件复杂。测试期间根据各系统的特点，采用便携式超声波流量计测试确定，同时根据记录测试时间和运行负荷，进行合理的数据调整，以期真实地反应用水情况。

（3）对循环水系统冷却塔的蒸发损失量、风吹损失量和排污损失量等采用经验公式计算的方法。

（4）对外漏地表的排水口采用流速仪、小浮标等方法进行测量。

（5）为了保证测试数据的可靠性和代表性，测试期间采取分系统逐级平衡、选择合理的测试手段，增加平行测定次数等多条措施以减少测试的误差。

（四）主要测试仪器和设备

本次水平衡测试所采用的仪器设备主要有超声波流量计和水文流速仪。主要仪器和设备情况见表 9－23。

表 9 - 23　　张家口某电厂水平衡测试主要仪器设备统计表

设备名称	生产厂家	型号	数量/台
便携式超声波流量计	大连海峰仪器发展有限公司	TDS - 1009	3
旋杯式流速仪	南京水利水文自动化研究所	Ls10	2
旋杯式流速仪	南京水利水文自动化研究所	Ls25 - 1	2
秒表			5
游标卡尺			4
量桶			3

（五）供水管网勘查与测试

断面布设调查和勘查工作正式开始后，首先由厂方熟悉情况的专业技术人员将厂区的主要供用水情况及循环水、生消燃储水、化学除盐水、污水处理等系统做了简要介绍，而后依次对各系统的用水工艺流程和用水设备进行了全面的现场勘查并布设了水量测点。经统计，全厂各系统共布设各类水量测点 217 处。测点布设情况见表 9 - 24。

表 9 - 24　　张家口某电厂水平衡测试断面测点统计表

系统名称	断面测点布设情况/处					
	合计	仪表计量法	超声波法	计算法	浮标法	容积法
供水	23	8	9	6		
化学除盐水	13	1	1	10		1
循环水	86	2	43	35		6
工业水	26		25	1		
冲灰水	40		25	15		
生消燃储水	11	3	3	4		1
脱硫水	7	1	1			
污水处理	11	4		4	3	
合计	217	19	107	80	3	8

（六）主要测试参数

（1）水量参数。包括取水量、用水量（包括工艺用水量、生产用水量、厂区公共生活用水量)、重复利用量(包括循环用水量和串联用水量)、耗水量、排水量、外供水量等。

(2) 水质参数。包括常规检测、重金属检测等 18 项评价因子。

(3) 水温参数。

四、水平衡测试结果

(一) 全厂水平衡测试结果

经过对测试资料进行汇总和计算,编制了张家口某电厂水平衡测试统计表,绘制了水平衡图。全厂水平衡测试结果见表 9 - 25,全厂水平衡测试统计见表 9 - 26,全厂各类用水分析见表 9 - 27,水平衡测试总图见图 9 - 4。

表 9 - 25   张家口某电厂水平衡测试成果表

全厂总取水量/(m³/d)	77112	外供家属生活区/(m³/d)	2544
生产取水量/(m³/d)	74568	生产用水量/(m³/d)	3612624
单位发电量取水量/[m³/(MW·h)]	2.88	重复利用率/%	97.9
生产耗水量/(m³/d)	70272	外供生活耗水量/(m³/d)	360
生产排水量/(m³/d)	6480	生产排水率/%	8.7

表 9 - 26   张家口某电厂水平衡测试统计表   单位:m³/d

用水分类	用水单元名称	新水量		重复利用水量					其他水量		
		常规水源量	非常规水源量	间接冷却循环水量	蒸气冷凝水回用量	中水回用量	其他串联水量	废水回收量	排水量	漏失水量	耗水量
		地下水	城镇污水再用水								
主要生产用水	循环水系统	33360		3444288		2328	2400	240			52632
	工业水系统	34440		61320							
	冲灰水系统	2400		15456			4296	7680			12072

续表

用水分类	用水单元名称	新水量			重复利用水量					其他水量		
		常规水源量	非常规水源量	间接冷却循环水量	蒸气冷凝水回用量	中水回用量	其他串联水量	废水回收量	排水量	漏失水量	耗水量
		地下水	城镇污水再用水									
辅助生产用水	脱硫水系统	480				3120	3600					3600
	化学除盐系统	960				1248		653				1459
	污水处理系统								6480			
附属生产用水	厂区生活	2568						2184				384
	增湿、除尘	360						235				125
	家属区废水							2184				
水量合计		74568	0	0	0	3521064	6696	10296	13176	6480	0	70272
取水量计算		74568										
总用水量计算		3612624										

注　1. 排水量含家属区回收的外排生活污水 2184m³/d;

　　2. 由于该企业用水量较大，部分统计表中数据仅保留了整数。

表 9 – 27　　　　张家口某电厂用水分析表

用水类别		用水量/(m³/d)	占总用水量比例/%	新水量/(m³/d)	占总新水量比例/%	重复利用水量/(m³/d)	排水量/(m³/d)	耗水量/(m³/d)	漏失水量/(m³/d)
主要生产用水	间接循环冷却水	3591264	99.41	70200	94.14	3521064		52632	
	直接冷却水								
	产品用水								
	其他用水	9024	0.25			9024		12072	

续表

用水类别		用水量 /(m³/d)	占总用水量比例 /%	新水量/ (m³/d)	占总新水量比例 /%	重复利用水量 /(m³/d)	排水量 /(m³/d)	耗水量 /(m³/d)	漏失水量/ (m³/d)
辅助生产用水	直接冷却水								
	间接冷却水								
	其他	9408	0.26	1440	1.93	7968	6480	5059	
附属生产用水	厂区生活	2568	0.07	2568	3.44			384	
	消防（增湿除尘）	360	0.01	360	0.48			125	
生产用水合计		3612624	100.00	74568	100.00	3538056	6480	70272	0
单位取水量：2.88m³ /(MW·h)		直接冷却水循环率： 0		冷凝水回用率： 96.8%		漏失率：0		达标排放率： 100%	
重复利用率： 97.9%		间接冷却水循环率： 98.0%		排水率： 8.7%		废水回用率： 50.8%		非常规水资源替代率：0	
非生产用水	基建								
	外供居民生活	2544	100	2544	100				
	外供其他用水								
	消防及其他								
非生产用水合计		2544	100	2544	100				

（二）用水系统水平衡测试成果

（1）生消燃储系统测试成果。生消燃储系统用水全部为新水，日总取水量为 6472m³，其中：消防系统（增湿、除尘）用水量 360m³/d；厂区内绿化及生活用水量 2568m³/d；外供家属区生活及绿化用水量 2544m³/d。经水平衡测试计算，厂区内职工人均日生活取水量为 196L，家属区内人均日生活取水量为 228L。

（2）化学除盐水系统测试成果。新的污水处理系统运行后，化学除盐水系统用水全部为污水处理系统的反渗透淡水，当污水处理系统运行不正常时，则用新的地下水补充。水平衡测试期间，污水处理系统运行

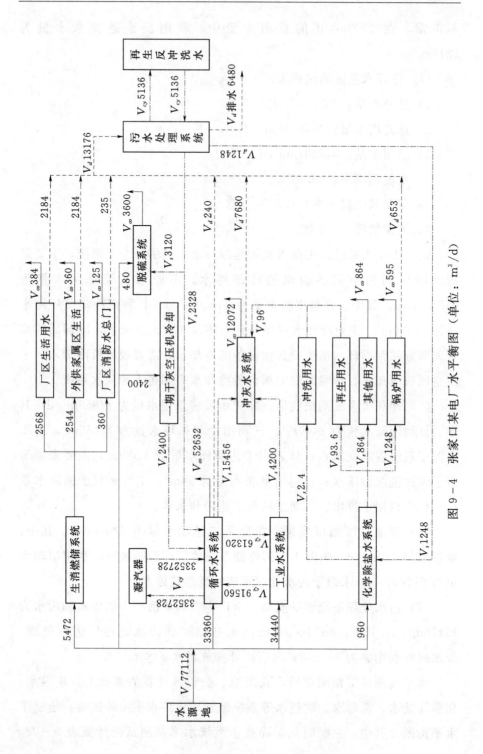

图 9-4　张家口某电厂水平衡图（单位：m^3/d）

不正常，在 2208m³/d 的总用水量中，利用反渗透淡水水量为 1248m³/d。

（3）循环水系统测试成果。

1）总补水量：33360m³/d。

2）重复用水量：3449016m³/d。

3）总用水量：3482376m³/d。

4）重复利用率：99.0%。

5）蒸发风吹损失率：1.59%。

6）浓缩倍数：3.0倍。

（4）工业水系统。工业水系统是循环水系统的一个子系统，主要是指供给机侧和炉侧各辅机的冷却用水。工业水系统总用水量为 95760m³/d，其中：日利用新水量为 34440m³/d；日利用冷却循环用水量为 61320m³。工业冷却水主要来自循环水和生水补充水，冷却后的水量大部分回到循环水系统，其他设备的冷却水，诸如吸风机冷却水、干灰空压机冷却水、排浆泵液力耦合器冷却水等则排入冲灰水系统。

（5）冲灰水系统测试成果。冲灰水系统总用水量为 17856m³/d，其中：日利用新水量为 2400m³；日利用冷却循环水量为 15456m³，主要来源于灰渣脱水仓回水；日利用工艺循环水量为 4200m³，主要来源于石子煤冲洗泵泄压水；日利用串联水量为 96m³，主要来源于循环水系统、化学自用水排水、二期空压机工业冷却水等。

（6）脱硫系统测试成果。脱硫系统总用水量为 7200m³/d，其中：取新水量 480m³/d，来源于生消燃储系统的厂区消防水网；利用串联水量为 6720m³/d，来源于污水处理系统的反渗透浓水。

（7）污水处理系统测试成果。全厂生产和生活产生的废水和污水为 13176m³/d，其中：6696m³/d 的污水被输送到污水处理厂进行处理，废水回收利用率为 50.8%；向厂区外排放污水 6480m³/d。

水平衡测试工作结束后，在汇总、分析、计算的基础上，按供水、化学除盐水、循环水、脱硫水等系统编制了该厂水平衡测试表，绘制了水平衡图。其中，主要的化学除盐水系统水平衡测试统计见表 9-28，化学除盐水系统水平衡图见图9-5，循环水系统水平衡测试统计见表9-29，循环水系统水平衡图见图9-6，脱硫系统水平衡测试统计见表9-30，脱硫系统水平衡图见图9-7。其他系统的水平衡测试统计表和水平衡测试图在此略去。

表9-28　　　　张家口某电厂循环系统水平衡测试表　　　　单位：m³/d

工序或设备名称	总用水量	输入水量						输出水量						
		新水量		循环水量		串联水量		循环水量		串联水量		排水量	漏失水量	耗水量
		地下水	地热水	直接冷却循环水量	间接冷却循环水量	其他串联水量	中水回用水量	直接冷却循环水量	间接冷却循环水量	蒸气冷凝水回用量	回用水量			
锅炉	1248.0	549.2					698.8					652.8		595.2
氢站	2.4						2.4							2.4
定子冷却	4.8						4.8							4.8
冬季采暖	813.6	353.2					460.4							813.6
溶药用水	36.0	16.8					19.2							36.0
炉内采样用水	7.2						7.2							7.2
精处理再生水	91.2	40.8					50.4				91.2			
再生水	2.4						2.4				2.4			
冲洗水	2.4						2.4				2.4			
总计	2208.0	960.0					1248.0				96.0	652.8		1459.2

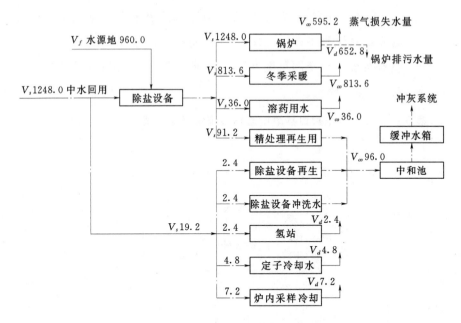

图 9-5　张家口某电厂化学除盐水系统水平衡图（单位：m³/d）

表 9-29　　　张家口某电厂循环系统水平衡测试表　　　单位：m³/d

工序或设备名称	总用水量	输入水量						输出水量						
		新水量	循环水量	串联水量				循环水量	串联水量			排水量	漏失水量	耗水量
		地下水	间接冷却循环水量	工艺水循环量	蒸气凝水回用量	其他串联水量	中水回用量	间接冷却循环水量	工艺水循环量	蒸气凝水回用量	其他串联水量			
凉水塔	68328	33360	30240			2400	2328				15456	240		52632
凝汽器	3352728		3352728					3352728						
机侧冷却水	34464		34464					34464						
氢冷器	26856		26856					26856						
合计	3482376	33360	0	3444288		2400	2328	3414048			15456	240	0	52632

220

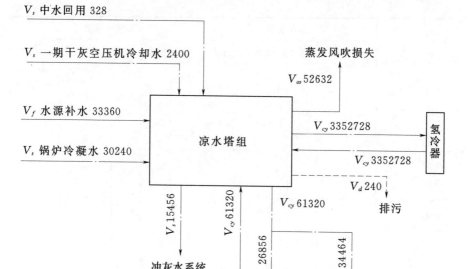

图9-6　张家口某电厂循环水系统水平衡图（单位：m³/d）

表9-30　　　　　张家口某电厂脱硫系统水平衡测试表　　　　　单位：m³/d

工序或设备名称	总用水量	输入水量					输出水量					排水量	漏失水量	耗水量
		新水量		循环水量		串联水量		循环水量		串联水量				
		地下水		间接冷却循环水量	工艺水循环量	串联水量	中水回用水量	间接冷却循环水量	工艺水循环量	串联水量	回用水量			
除雾器	720						720			720				
制浆、密封、泵机冷却	2400						2400			2400				

221

工序或设备名称	总用水量	输入水量					输出水量				排水量	漏失水量	耗水量
		新水量	循环水量		串联水量		循环水量		串联水量				
		地下水	间接冷却循环水量	工艺水循环量	串联水量	中水回用水量	间接冷却循环水量	工艺水循环量	串联水量	回用水量			
机封冷却	480	480							480				
脱硫吸收塔	3600				3600								3600
合计	7200	480			3600	3120			3600				3600

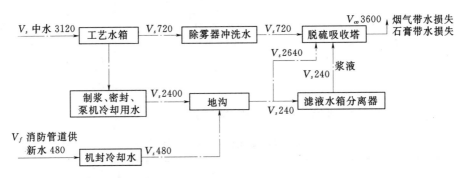

图 9-7　张家口某电厂脱硫系统水平衡图（单位：m³/d）

（三）电厂用水技术经济指标考核

依据 GB/T 7119—2006《节水型企业评价导则》，按照现状测试水量和测试期间的发电量进行计算，电厂现状用水技术经济指标考核如下：

（1）重复利用率：97.9%。

（2）冷却水循环率：98.0%。

（3）排水率：8.7%。

（4）达标排放率：100.0%。

（5）漏失率：0。

（6）非常规水源替代率：0。

（7）单位发电取水量：2.88m³/（MW·h）。

（8）企业内职工人均生活取水量：196L/（人·d）。

（四）电厂用水水平分析

（1）单位发电取水量分析。该电厂单位发电取水量为 2.88m³/（MW·h），小于 GB/T 18916.1—2002《取水定额 第 1 部分：火力发电》中规定的"循环冷却供水系统，单机容量≥300MW，单位发电量取水量定额指标应≤3.84m³/（MW·h）"的定额指标；大于河北省地方标准 DB13/T 1161.2—2009《用水定额 第 2 部分：工业取水》中规定的"单机容量≥300MW，循环水冷工艺单位发电取水量考核值为2.39m³/（MW·h）"的定额指标，说明张家口某电厂用水水平一般，尚有一定节水潜力可挖。

（2）重复利用率分析。张家口某电厂现状水的重复利用率为97.9%。与 DL/T 783—2001《火力发电厂节水导则》中规定的"严重缺水地区的电厂复用水率不低于 98.0%"的考核指标相比基本持平。由此可见，该厂的循环用水水平和复用水率均处于同行业中等水平。

（3）生活取水量分析。经核算，该厂职工人均日生活取水量 196L，外供的家属区职工人均日生活取水量也高达 228L，均超过了河北省地方标准 DB13/T 1161.2—2009《用水定额 第 3 部分：生活用水》中规定的"城镇居民生活室内有给排水、卫生设施、淋浴设备 110L/（人·d）"的定额标准，生活用水浪费严重。

五、节水建议和措施

（一）生活消防及燃储系统的节水建议

生活用水浪费现象严重，建议：一是对全厂生活用水管路进行排查，查看有无跑漏点并进行及时处理；二是对外用水用户安装计量水表，进行收费管理；三是对全厂用水单位都安装计量水表，及时检修更换坏、损水表，条件允许时可以对用户实施定额取用水制度，实行阶梯式水价制度。

二期输煤冲洗水补水来源也是生活消防水，补水流量约为一期的10倍，主要原因为二期输煤冲洗水回收处理设备处理能力相对较小，回收回来的输煤冲洗水量超过处理设备最大处理容量，部分水溢流外排。除此之外，煤场工人浪费水的现象也比较普遍。建议对二期输煤冲洗水回收处理系统进行改造，同时加强职工用水管理，杜绝长流水现象发生。

（二）循环水系统的节水建议

水平衡测试结果显示，该电厂循环水浓缩倍率为3.0左右。循环水的浓缩倍率是节水的一个重要指标，按照 DL/T 783—2001《火力发电厂节水导则》规定，一般情况下应控制在3.5倍。有关实验表明：浓缩倍率在1.5～2为高效节水区，在2～3为效益明显区，在3～4时为节水效益区。该电厂循环水浓缩倍率为3.0，说明循环水仍有一定的节水空间，建议循环水浓缩倍率控制在3.5左右为宜。

（三）化学除盐水系统的节水建议

水平衡试验期间，该厂锅炉排污及漏损水量达到 $652.8m^3/d$。这部分水量直接排至地沟，且水质较好，建议回收利用。

（四）冲灰水系统的节水建议

测试期间，一期4台机组均在运行，而二期只有6号、7号两台机组运行，但二期冲灰水用水量高达 $26136m^3/d$，是一期用水量的1.65倍。由此可见，二期冲灰水系统耗水量较大，建议对其进行改造。

另外，该电厂的水灰比为10：1，虽满足电厂设计规定，但对照《火力发电厂节水导则》（DL/T 783—2001）中规定的"采用水力除灰系统的火力电厂（海水除外），灰浆的浓度应采用高浓度（水灰比不超过2.5～3）或中浓度（水灰比不超过5～6），不应采用低浓度水力除灰"，该电厂水力除灰属"低浓度"，用水量较大。若与气力除灰等干除灰方法相比，用水量则更大。建议在后续技术改造过程中，针对设备要求和水资源状况，改用相对节水的除灰方式。

（五）污水处理系统的节水建议

污水处理系统的处理能力为 19200m³/d，现在的运行负荷为 11760m³/d 左右，没有满负荷运行，导致部分污水外排。建议对污水进行全处理，所产中水可以根据情况补给凉水塔、夏季绿化用水、冲煤用水等用水户，既可减轻外排污水污染周边环境的压力，又可减少新水的补给量，达到节能减排、可持续发展的目的。

附录 高校 WSMC 项目相关文书

附录一 高校 WSMC 项目尽职调查纲要[❶]

住宿制高校是最适宜应用合同节水管理模式促进学校节水的单位，用水量集中、浪费点较多、节水空间大、边界条件清晰。但在实施高校合同节水管理时如何有效保证节水公司的效益，前期尽职调查和技术方案选择非常重要，其本身也是一个系统工程。

一、尽职调查的主要内容

学校的基本情况调查：

（1）学校的地域、背景（××省××市，211/985，工科/理科/文科/综合类院校）。

（2）地域气候、水文资料：蒸发量、降雨量、温度等气象资料。

（3）学校的校区现状图、未来规划图。

（4）学校现状供水管网图。

（5）学校总人数。包括学生、老师、职工等，常住学校（晚上住校）的职工人数，学生男女比例，教职工男女比例。

（6）学校总用水及水价现状。前 3 年用水情况汇总，具体到月。

（7）学校所处地域的中水价格。距离学校的最近中水取水口情况。

（8）学校三产情况。包括食堂、洗浴、洗衣、游泳，以及校办企业、校附属医院。

---

❶ 调查程式由北京国泰节水发展股份有限公司提供。

二、尽职调查的主要表格

（一）宿舍楼（具体到每一栋）用水现状调查

楼栋号_____　地理位置_____　调查人_____

楼宇人员情况	学生人数		男/女	
	管理人员		男/女	
学生性质		全日制住校/本科/专科/函授		
宿舍数量		其中管理人员宿舍数量		
学生宿舍人数（人/间）				
卫生间统计				
单体卫生间		男女（总数/单层数量）		
蹲坑	数量		冲厕方式	
	冲厕流量	脚踏阀_____L/min,；水箱_____L/次		
洗涮水龙头	数量		流量规格	
马桶	数量		流量规格	
洗浴花洒	数量		流量规格	
集体卫生间		男女（总数/单层数量）		
蹲坑	数量		冲厕方式	
	冲厕流量	脚踏阀_____L/min,；水箱_____L/次		
洗涮水龙头	数量		流量规格	
墩布水龙头	数量		流量规格	
洗浴花洒	数量		流量规格	
楼宇供水系统及用水情况				
管道	每层高峰管道压力			
	管道材质、尺寸	楼宇进水	主上水管	
		集卫上水	宿卫上水	
管道漏水描述				
阀门描述		整楼控制阀门（数量/新旧/型号）		
		单层控制阀门（数量/新旧/型号）		
		阀门漏水情况描述		
水表描述 数量、型号（整楼计量/单卫生间计量），是否远传				
用水量描述 （如有水表，统计 1 周的用水量）				
其他描述				

调查人：（签字）

填表人：（签字）

日期：

（二）教学楼现状用水调查

楼栋号_____　　地理位置_____　　调查人_____

房间统计			
教室		办公室	
实验室		会议室及其他	
卫生间统计			
单体卫生间		男女（总数/单层数量）	
蹲坑	数量	冲厕方式	
	冲厕流量	脚踏阀____L/min；水箱____L/次	
洗涮水龙头	数量	流量规格	
马桶	数量	流量规格	
集体卫生间		男女（总数/单层数量）	
蹲坑	数量	冲厕方式	
	冲厕流量	脚踏阀____L/min；水箱____L/次	
面盆水龙头	数量	流量规格	
墩布水龙头	数量	流量规格	
楼宇供水系统及用水状况			
管道	每层高峰管道压力		
	管道材质、尺寸	楼宇进水	主上水管
		集卫上水	
	管道漏水描述		
	阀门描述	整楼控制阀门（数量/新旧/型号）	
		单层控制阀门（数量/新旧/型号）	
		阀门漏水情况描述	
水表描述 数量、型号（整楼计量/单卫生间计量），是否远传			
用水量描述 （如有水表，可以计量的情况下）			
其他描述			

调查人：（签字）

填表人：（签字）

日期：

（三）游泳（池）馆的用水状况调查

名称_____ 地理位置_____ 调查人_____

基本信息统计					
管理模式（校内管理/校外托管）					
建管时间		面积		水深	
近三年用水量		近三年使用人次			
卫生间统计					
集体卫生间		男女（总数/单层数量）			
蹲坑	数量		冲厕方式		
	冲厕流量		脚踏阀___ L/min；水箱___ L/次		
面盆水龙头	数量		流量规格		
墩布水龙头	数量		流量规格		
给水系统					
给水方式（直接/循环）			补充水周期及容量		
管道	主进水管材质、尺寸				
	管道漏水描述				
阀门描述	整楼控制阀门（数量/新旧/型号）				
	单层控制阀门（数量/新旧/型号）				
水表描述 数量、型号（整楼计量/单卫生间计量），是否远传					
用水量描述（如有水表，可以计量的情况下）					
循环系统					
循环方式(顺流/逆流/混合)			循环周期		
循环流量		补水量			
循环水泵、备用水泵容量			循环泵出水量		
管道	主进水管材质、尺寸				
	管道漏水描述				
阀门描述	整楼控制阀门（数量/新旧/型号）				
	单层控制阀门（数量/新旧/型号）				
	阀门漏水情况描述				
水表描述 数量、型号（整楼计量/单卫生间计量），是否远传					
用水量描述（统计游泳高峰季节，1周的用水量）					

续表

水的净化系统（水质检测报告）			
水温		加热方式	
水处理工艺			
水处理设备		水处理成本	
过滤器的滤料组成及滤速			
加药装置		投药量	
消毒方式（氯/臭氧/紫外线等）		消毒装置	
浸脚、浸腰消毒池年用水量			
平均一次排水冲洗水量			
管道	主进水管材质、尺寸		
	管道漏水描述		
阀门描述	整楼控制阀门（数量/新旧/型号）		
	单层控制阀门（数量/新旧/型号）		
	阀门漏水情况描述		
水表描述 数量、型号（整楼计量/单卫生间计量），是否远传			
用水量描述 （如有水表，可以计量的情况下）			
特殊情况备注：			

调查人：（签字）

填表人：（签字）

日期：

（四）体育馆的用水状况调查

场馆名称＿＿＿＿＿＿ 地理位置＿＿＿＿＿＿ 调查人＿＿＿＿＿＿

管理模式（校内管理/校外托管）			
近三年年用水量		使用人次	
卫生间统计			
集体卫生间	男女（总数/单层数量）		
蹲坑	数量	冲厕方式	
	冲厕流量	脚踏阀＿＿＿＿L/min，；水箱＿＿＿＿L/次	
洗浴花洒	数量	流量规格	
面盆龙头	数量	流量规格	
墩布龙头	数量	流量规格	
供水系统统计			
管道	主进水管材质、尺寸		
	管道漏水描述		
阀门描述	整楼控制阀门（数量/新旧/型号）		
	单层控制阀门（数量/新旧/型号）		
	阀门漏水情况描述		
水表描述 数量、型号（整楼计量/单卫生间计量），是否远传			
用水量描述 （如有水表，可以计量的情况下）			
特殊情况备注：			

调查人：（签字）

填表人：（签字）

日期：

（五）招待所（培训中心等）的用水状况调查

所（中心）名称_____ 地理位置_____ 调查人_____

管理模式（校内管理/校外托管）			
房间数量		其中管理人员房间数量	
年均住宿人数（入住率）			
卫生间统计			
单人间数量：（总数/单层数量）			
马桶	数量	流量规格	
面盆水龙头	数量	流量规格	
洗浴花洒	数量	流量规格	
双人/三人间数量：（总数/单层数量）			
马桶	数量	流量规格	
面盆水龙头	数量	流量规格	
洗浴花洒	数量	流量规格	

楼宇供水系统及用水情况				
管道	每层高峰管道压力			
	管道材质、尺寸	楼宇进水		主上水管	
		集卫上水		宿卫上水	
	管道漏水描述			
阀门描述		整楼控制阀门（数量/新旧/型号）		
		单层控制阀门（数量/新旧/型号）		
		阀门漏水情况描述		
水表描述 数量（整楼计量/单位卫生间计量），是否远传				
用水量描述 （如有水表，可以计量的情况下）				
特殊情况备注：				

调查人：（签字）

填表人：（签字）

日期：

（六）食堂用水状况调查

名称＿＿＿＿＿＿　地理位置＿＿＿＿＿＿　调查人＿＿＿＿＿＿

基本情况			
管理模式（校内管理/校外承包）			
近三年年用水量			
如承包，水费承担方			
平均就餐馆人数（其中，职工）			
卫生间			
卫生间	男女（总数/单层数量）		
蹲坑	数量	冲厕方式	
	冲厕流量	脚踏阀＿＿＿ L/min，；水箱＿＿＿ L/次	
普通水嘴	数量	流量规格	
面盆龙头	数量	流量规格	
墩布龙头	数量	流量规格	
操作间			
洗菜水龙头	数量	流量规格	
淘米水龙头	数量	流量规格	
冲地方式（水管/电动加压、每次冲刷地面用水量、冲洗频率）			
洗手龙头	数量	流量规格	
供水系统及用水情况			
管道	进水管道材质、尺寸		
	管道漏水描述		
阀门描述	整楼控制阀门（数量/新旧/型号）		
	单层控制阀门（数量/新旧/型号）		
	阀门漏水情况描述		
水表描述 数量（整栋楼计量/单位卫生间计量），是否远传			
用水量描述 （如有水表，可以计量的情况下）			
特殊情况备注：			

调查人：（签字）

填表人：（签字）

日期：

（七）浴室用水状况调查

浴室名称_____ 地理位置_____ 调查人_____

管理模式（校内管理/校外承包）		
近三年年用水量		
如承包，水费缴纳方		
卫生间统计		
集体卫生间	男女（总数/单层数量）	
蹲坑	数量	冲厕方式
	冲厕流量	脚踏阀_____L/min，；水箱_____L/次
普通水嘴	数量	流量规格
面盆龙头	数量	流量规格
墩布龙头	数量	流量规格
男洗浴间及浴池		
计费方式 是否刷卡式（按次计费/按流量计费）		
淋浴花洒 流量规格、是否感应出水		
浴池	容积、换水频率	
	补水流量（平均每天的补水量）	
女洗浴间及浴池		
计费方式是否刷卡式（按次计费/按流量计费）		
淋浴花洒流量规格、是否感应出水		
浴池	容积、换水频率	
	补水流量（平均每天的补水量）	
供水系统及用水情况		
管道	进水管道材质、尺寸	
	管道漏水描述	
阀门描述	整楼控制阀门（数量/新旧/型号）	
	单层控制阀门（数量/新旧/型号）	
	阀门漏水情况描述	
水表描述 数量（整栋楼计量/单位卫生间计量），是否远传		
用水量描述 （1周用水量）		
特殊情况备注：		

调查人：（签字）

填表人：（签字）

日期：

（八）洗衣中心用水现状调查

场所名称＿＿＿＿＿＿　　地理位置＿＿＿＿＿＿　　调查人＿＿＿＿＿＿

管理模式（校内管理/校外托管）				
近三年年用水量			近三年年洗衣粉用量	
卫生间统计				
卫生间		男女（总数/单层数量）		
蹲坑	数量		冲厕方式	
	冲厕流量	脚踏阀＿＿＿＿＿L/min；水箱＿＿＿＿＿L/次		
普通水嘴	数量		流量规格	
面盆龙头	数量		流量规格	
墩布龙头	数量		流量规格	
洗衣机				
序号	型号/数量	耗水指标	耗电指标	耗洗衣粉指标
1				
2				
3				
4				
5				
6				
7				
供水系统及用水情况				
管道	进水管道材质、尺寸			
	管道漏水描述			
阀门描述	整楼控制阀门（数量/新旧/型号）			
	单层控制阀门（数量/新旧/型号）			
	阀门漏水情况描述			
水表描述 数量、型号（整栋楼计量/单位卫生间计量），是否远传				
用水量描述（如有水表，可以计量的情况下）				
特殊情况备注：				

调查人：（签字）

填表人：（签字）

日期：

（九）校办加工企业现状调查

企业名称＿＿＿＿＿＿　地理位置＿＿＿＿＿＿　调查人＿＿＿＿＿＿

管理模式（校内管理/校外托管）	
近三年年用水量	
近三年经营情况	（年均销售收入、利润）
生产工艺用水	
生产年用水量	
工艺用水描述	（对水质的要求，有无利用中水的可能性）

卫生间统计			
集体卫生间	男女（总数/单层数量）		
蹲坑	数量	冲厕方式	
	冲厕流量	脚踏阀＿＿＿＿L/min，；水箱＿＿＿＿L/次	
普通水嘴	数量	流量规格	
面盆龙头	数量	流量规格	
墩布龙头	数量	流量规格	

供水系统及用水情况		
管道	进水管道材质、尺寸	
	管道漏水描述	
阀门描述	整楼控制阀门（数量/新旧/型号）	
	单层控制阀门（数量/新旧/型号）	
	阀门漏水描述	
水表描述	数量、型号（整栋楼计量/单位卫生间计量），是否远传	
用水量描述	（如有水表，可以计量的情况下）	
特殊情况备注：		

调查人：（签字）

填表人：（签字）

日期：

（十）绿化景观用水状况调查

景观名称楼栋_____ 地理位置_____ 调查人_____

绿化用水情况（分块统计，每块一张表）				
近三年年用水量				
绿化面积（具体量化）			植物品种	
灌溉方式	喷灌 灌溉面积/用水量/喷头型号及数量			
	滴灌 灌溉面积/用水量/滴灌形式			
	漫灌 灌溉面积/用水量			
供水系统及用水情况				
灌溉阀门井（可另附表）	具体位置			
	管道尺寸			
水表 是否安装专门计量水表				
用水量描述（如有水表，可以计量的情况下）				
特殊情况备注：				
景观用水情况（根据数量加表）				
喷泉	储水量			
	水面面积		年工作时间	
	换水频率		现用水来源	
水景观	水面面积		水生植物覆盖面积	
	储水量			
	换水频率		现用水来源	
	水质情况			
其他水景				

调查人：（签字）

填表人：（签字）

日期：

（十一）地下管网现状调查（地下管网图纸）

编号＿＿＿＿＿＿＿＿＿ 地理位置＿＿＿＿＿＿＿＿＿ 调查人＿＿＿＿＿＿＿＿＿

管道	建设时间		材质		尺寸	
	检点描述					
	检漏损率及改造长度预估					
阀门描述	控制阀门（数量/新旧/型号）					
	阀门漏水描述					
水表描述	数量、型号，是否远传					
特殊情况备注：						

注 1. 尽量提供整体地下管网图，包括尺寸、使用年限、材质、压力等级别、长度等；

2. 利用技术手段检测现有管网漏点，预测大致管网漏失率。

调查人：（签字）

填表人：（签字）

日期：

（十二）中水回用状况调查

地理位置＿＿＿＿＿＿＿＿＿ 调查人＿＿＿＿＿＿＿＿＿

管理模式（校内管理/校外托管）			
污水来源（各占多大比例）			
处理工艺及设备			
日处理量		处理成本	
中水用途（量化）			
管道	进水管道材质、尺寸		
	管道漏水描述		
阀门描述	控制阀门（数量/新旧/型号）		
	阀门漏水描述		
水表描述	数量、型号，是否远传		
特殊情况备注：			

调查人：（签字）

填表人：（签字）

日期：

(十三) 集雨利用条件调查

地理位置＿＿＿＿＿ 调查人＿＿＿＿＿

年均降雨量		年均径流量	
河道年均雨水收集量		水价	
储雨设备选址			
雨水利用系统 投资估算	收集系统		
	储存净化系统		
	回用系统		
	运行维护		
特殊情况备注：			

调查人：（签字）

填表人：（签字）

日　期：

附录二　×××大学 WSMC 项目尽职
调查报告框架

×××项目尽职调查组
年　　月　　日

一、基本概况

简述学校的综合概况，以尽职调查程式中的第一部分"学校的基本情况调查"材料为主。主要内容包括：

（1）学校的地域、背景（××省××市，211/985，工科/理科/文科/综合类院校）。

（2）地域气候、水文资料：蒸发量、降雨量、温度等气象资料。

（3）学校的校区现状图、未来规划图。

（4）学校现状供水管网图。

（5）学校总人数，包括学生、老师、职工等；常住学校（晚上住校）的职工人数；学生男女比例；教职工男女比例。

（6）学校总用水及水价现状：前三年用水情况汇总，具体到月；水价构成情况。

（7）学校三产情况基本描述：包括食堂、洗浴、洗衣、游泳，以及校办企业、校办附属医院等。

二、当前用水现状分析

综合尽职调查中的二至十四项的内容，合并同类项，最终列出学校的水量平衡测算表。主要内容包括：

（1）洁具现状及节水空间分析。

（2）地下管网现状及节水空间分析。

（3）地上管道现状及节水空间分析。

（4）中水回用系统（如有）。

（5）集雨利用情况。

（6）灌溉及景观用水现状及节水空间分析。

（7）水量平衡测算表。

（8）节水改造技术方案及经济分析。

对各种节水技术在项目中应用方案进行论证分析，分析节水量、节水效益与投资的比例关系，选择认为经济可行、技术可靠的方案作为最终技术方案。

三、洁具改造技术方案

技术 1 应用于本项目技术经济论证分析。

技术 2 应用于本项目技术经济论证分析。

技术 3 应用于本项目技术经济论证分析。

⋮

四、地下管网改造技术方案

地下管网补漏的技术经济分析主要包括：

(1) 地下管网压力平衡技术应用方案的技术经济分析。

(2) 地下管网局部重新铺设方案的技术经济分析。

五、中水（灰水）利用技术方案

(1) 局部中水（灰水）利用方案的技术经济分析。

(2) 整体中水（灰水）利用方案的技术经济分析。

六、集雨利用技术方案

(1) 分析雨洪利用方案的技术经济性。

(2) 绿化灌溉技术方案。

(3) 分析采用节水灌溉技术方案的技术经济性。

(4) 中央用水监管控制系统。

(5) 测算中央用水监管控制系统的投资概算，包括远传水表、控制软件等。

七、综合技术方案

整合 1~6 项技术方案，确定本项目初步确定的技术方案。

八、投资与效益分析

(1) 测算出项目节水改造的节水空间和投资额。

(2) 初步选定项目的收益回报模式（效益分成比例）。

(3) 根据（1）和（2）测算项目收益。

九、结论及建议

得出项目是否可行的初步结论。

附录三　大学（含住宿中专）WSMC 项目协议

甲方：_____大学（学校）

乙方：_____节水服务公司

经双方友好协商，就以合同节水管理模式对甲方学校约定区域进行系统节水改造达成一致协议。

第一条　名词释义

除非文中另有规定，以下术语在本协议具有下列意义：

一、合同节水管理

就是专业的节水服务公司（乙方）通过与节水单位签订合同，为客户（甲方）提供系统化节水措施；在合同期内乙方以实际节水效益来收回投资并取得利润；合同期满后，节水改造后所有资产全部归甲方所有。维保协议另按约定签订。

二、节水效益

指通过乙方对甲方进行节水改造后，同实施节水改造前同口径相比乙方为甲方所节约下来的用水费用。即节水改造服务后每个结算周期内甲、乙双方约定的用水量基数与实际用水量之差，乘以该期内的水价。

三、结算周期

指甲、乙双方按合同约定分配节水效益的时间周期。

第二条　合同期限与范围

一、合同期限

本合同自签订之日起，乙方对甲方提供全方位节水系统管理服务。双方按节水效益分享方式，共享合作收益。合同期限为_____年，即_____年___月___日至_____年___月___日。

二、合同范围（即本次节水改造实施区域）

本次合同节水范围包括_____大学（学校）_____校区。

第三条　节水改造的主要内容

一、地上水平衡监测服务及洁具改造

（一）水平衡测试与监测

通过水平衡监测服务，全面掌握用水现状，对用水现状进行合理化分析。找出地上供水管网和设施的泄漏点，并采取修复措施，堵塞跑、冒、滴、漏。

（二）供水系统检测

对原有供水系统包括消防系统管网和闸阀设施，以及不同用水区域、不同功能的用水进行抽样检测，全面掌握节水产品量身定制的基础资料，根据水平衡实测情况，对存在用水浪费的设施进行改造、更换。

（三）量身定做或定购节水产品

根据检测报告及甲方的原有供水系统状况，对可控用水区域的每一个用水终端进行量化设计，并安排生产制作或定购，量身定制量化节水系统。

（四）用水终端改造安装

在保证节水效果的前提下，尽量不影响原有用水终端的美观，确保用水改造后的用水设备的美观实用。严格按照操作规程进行节水改造，防止人为损坏原有的用水设施。改造期间无施工噪声，不影响甲方的正常工作和生活秩序。

根据实际情况，采用内置式、外置式安装，产品替换或局部改造方式进行节水改造。

（五）地下管网改造

对地下管网及设施全面检漏、补漏：对用水单位的地下管网与阀门设施进行全面系统的检测；发现跑、冒、滴、漏协助甲方全面修复；建立相关用水检测和维修档案。对老旧地下管网进行更新改造，可以有效降低地下管网漏失率。

（六）中水（灰水）利用工程、集雨利用、校区园林灌溉改造工程（根据实际需要另行约定）

第四条 项目运营及管护

一、运行管理责任和经费来源

项目建成后，乙方在协议规定的合同期内负责项目的运营与管理维护，所需运营费用由节水效益中优先安排_____万元，由甲方支付给乙方。

二、运行管理具体要求

（1）在合同期限内，乙方将对安装后的节水系统进行跟踪监测及维护保养，对地下管网及时监测查漏，以保证整个系统始终处于合理用水、合理节水的正常状态。

（2）在合同期限内，在影响供水系统的流量及水压发生变化的情况下，甲方有告知义务。因甲方原因造成的节水效益损失，乙方可参照原始数据理论结算节水效益。

（3）在合同期限内，乙方提供24h的技术服务。

三、其他

第五条 节水改造投资及收回

一、节水改造投资

节水改造的全部投资由乙方负责筹措，技术改造中形成的固定资产在合同期内归乙方所有，项目合同期满且节水效益按约定支付完结后，所有资产移交给甲方。

二、改造资金回收及投资收益

在_____年合同期内，按照预留运维经费—乙方收回改造资金本息—甲乙双方按比例共享节水效益（乙方获得投资收益、甲方享受节水效益）。

三、节水效益的计算

根据甲方向乙方提供的原始用水资料，甲、乙双方确认如下：

（一）人数情况：注册在校学生_____人，注册教职工_____人，年用水人数按当年年平均注册人数计算。

（二）水价情况：现行水价_____元/t。

（三）用水情况：详见附件《大学至年度用水统计表》。

（四）用水基数确定：

年用水量基数：_____万吨。

月用水量基数：_____年____月—_____年____月水量统计表中各月用水量（数据见附表）。

用水人数基数：_____年____月—_____年____月统计期内学校注册学生与教职工数，年平均用水人数_____人。

$$人均年用水量基数 = \frac{年用水量基数}{用水人数基数}\ [t/(a \cdot 人)]$$

（五）节水量数值：

$$月节水量 = 月水量基数 \times \frac{当年用水人数}{用水人数基数} - （月用水量 - 非正常用水量）$$

$$年节水量 = \left(人均年用水量基数 - \frac{年总用水量 - 非正常用水量}{年用水人数}\right)$$

$$\times 年用水人数$$

$$年终节总水量核算 = 年节水量 - \sum_{1}^{12} 月节水量$$

节水量以年度总节水量为准。

（六）节水效益核算办法：

$$节水效益 = 节水量 \times 当期水价$$

（七）水价调整：在合同有效期内，若遇水价调整时，按照调价规定的水价核算节水效益。

（八）寒暑假规定：因为在确定用水基数时没有考虑寒暑假因素，故在结算期内，也不考虑寒暑假因素，按每年 12 个月核算节水收益。

（九）结算期用水：在每个结算期，因甲方额外增加用水时，需由甲方单独装表计量，计入结算基数。

四、节水效益分享方案

经双方共同确认，节水项目投资本息由前三年内，即_____年至_____年的实际节水效益承担收回；在此后_____年内以部分节水效益承担：

第_____年：甲方_____，乙方_____。

第_____年：甲方_____，乙方_____。

第_____年：甲方_____，乙方_____。

五、节水效益分享时间

考虑甲方水费结算为月结制，甲、乙双方在签订合同并完成节水改造（完成地上洁具改造或地下管网改造项目）验收后次月起，开始按月计算节水量，并计算当月节水效益。

（一）节水效益结算周期：在合同期限的前三年，即_____年至_____年，节水效益每月分配一次，即以1个月为1个结算周期。在甲方交付水费后，按该结算期的水费单据结算当月节水效益，用以承担节水投资，乙方向甲方提供发票。

（二）节水效益分享：在合同期限的后_____年，即_____年至_____年，节水效益每季度分配一次，即以1个季度为1个结算周期。在甲方交付水费后，按该结算期的水费单据，按季度结算节水效益，并由甲方按约定比例向乙方支付节水效益分成（具体分配比例参见本协议第五条节水效益分享方案），乙方向甲方提供发票。

每月计算节水效益，每季度结算分配节水效益，每年进行一次年总节水效益计算，每月节水效益之和与年度总节水效益之间的差额，在次年第一季度节水效益分配中予以调整。

六、付费方式

乙方完成洁具改造系统工程，并经双方验收合格后开始按月计算节水效益，并按合同开始回收投资。

甲方在收到自来水厂水费单据后3个工作日内计算出节水效益，并由甲方在结算后5个工作日内将应承担的投资或利润按合同规定汇到乙方指定的银行账户。

第六条 甲方责任和义务

一、材料真实性

甲方保证本合同签订前向乙方提供甲方用水和单位人数的数据和相关材料真实、可靠。

二、施工配合

甲方负责向乙方提供甲方供水网络的详细情况，以保证乙方获得有效的施工位置。

三、用水数据

甲方应向乙方提供本工程完成后合同期内真实和详细的用水数据。

四、用水信息提供

在合同期内，甲方有义务对供水系统中跑、冒、滴、漏的设施进行监测，发现意外情况及时向乙方通报，以保障节水系统的正常运行。

五、新增用水设施

在合同期限内，甲方如有新扩建施工、新增建筑设施或其他计划外用水时，应加装水表，单独计量，酌情重新确定节水效益计算方案，或纳入当期节水效益结算。

六、用水事故处理

当发生大量消防用水、供水管道爆管等不可抗力原因或甲方人为原因造成的异常情况影响节水效益结算时，参照前期（就近两三个月）节水比例，核算节水效益。

七、转供水限制性规定

甲方不得私自向其他用水单位转供水，影响节水效益计算结果。

八、支付承诺

甲方应保证乙方按时得到节水效益的分成比例，以保证乙方能够收回投资，对节水系统进行持续的维护工作。

第七条　乙方责任和义务

一、供用水检测

乙方应对甲方原有供水系统进行全面的检测调查，并向甲方提供用水系统的检测报告，评估甲方原有供水系统可节水的空间，以供甲方参考使用。

二、节水改造的费用及改造施工时间

乙方全部承担甲方用水系统节水改造工程的费用（含地下管网检漏、查漏、补漏及更新改造等），并保证在_____年____月之前完成甲方用水系统的节水改造。

三、工程质量

乙方应按设计方案组织施工，采购合格节水产品，保证工程质量。

四、施工安排

乙方应保证在施工时不影响甲方的正常工作。

五、检测责任

乙方应按时对安装后的节水系统进行不定期跟踪监测，发现问题及时整改。

六、用水设施变更

当甲方由于新增建筑设施或其他原因导致供水系统的流量、水压发生变化的时候，乙方应及时对整个系统做重新调整，更换配置，所需费用由甲方承担（或在节水效益中收回）。

七、资产移交

合同期满后，乙方应将全部的设备资产归还甲方。

第八条　违约责任

一、逾期付款

甲方如没有按规定期限将乙方应得节水效益分成汇至乙方账户，乙方有权向甲方索取该期节水效益总额每日 1‰ 的滞纳金。

二、提供虚假用水数据

在合同履行过程中，如甲方提供虚假用水情况数据，或因甲方责任

造成合同不能正常履行，乙方有权按理论计算方式（评估节水效益数据）收费。

三、故意浪费用水

合同期限内，因甲方用水肆意浪费、瞒报虚报用水数据等非乙方原因导致的节水效益减少的部分，由甲方承担节水效益减少部分责任。

四、特殊规定

在合同正常履行的过程中，如若效益状况无法取得预期效果，乙方不得以任何缘由撤出投资及一切设备，也不得向甲方收取任何费用。

五、不可抗力

在合同有效期内，如遇不可抗力（学校所有权变更等）情况，甲乙双方可以另行协商合同主体，或内容变更，或合同终止，乙方不得擅自撤出原有设备。

第九条　争议解决

凡因本合同引起的或与本合同有关的任何争议，双方应协商解决或将争议提交乙方所在地法院进行起诉。

第十条　附加条款

一、用水人数

为增加结算年度用水人数与双方核定用水数据的可比性、合理性，甲、乙双方在做节水效益结算时，统一按当学年校方登记注册在校学生人数与教职工人数总和，作为结算期（每月）或约定结算期的用水人数。

二、用水事故

结算月如突发爆水管或其他严重渗漏等情况，不能正常结算时，可参照前期就近三个月正常用水月度节水比例计算节水效益。直到检修完毕，正常供水为止。出现类似突发事件情况时，甲方有义务配合乙方做好检漏补漏工作。

三、汇款规定

在合同约定的时间，效益分享款须电汇于乙方指定的银行账户。

第十一条　其他

一、合同的补充与变更

双方对本合同内容的变更或补充应采用书面形式订立，并作为本合同的附件。

二、合同附件

本合同的附件与本合同具有同等的法律效力。

三、合同生效

本合同自签订之日起开始生效。

四、节水效益支付起始时间

节水效益分配时间从一期工程施工完成后第一个月开始。

五、合同份数

本合同一式四份，甲、乙双方各执两份。

甲方（公章）：　　　　　　　　　　乙方（公章）：

代表人（签字或盖章）：　　　　　　代表人（签字或盖章）：

附录四　高校 WSMC 运营托管协议

甲方：＿＿＿＿＿＿＿＿＿大学（学校）

乙方：＿＿＿＿＿＿＿＿＿节水服务公司

根据双方合同节水管理项目协议的约定，甲方供水系统节水改造后由乙方负责运营管理，为更好地界定双方在项目运营管理过程中甲乙双方的责任与义务，更有效地发挥系统的节水效益，经双方友好协商，就项目运营管理及甲方供水设施托管等事宜达成以下协议：

第一条　托管内容与资产界定

一、内容与范围

本次协议托管的范围为本次节水改造区域内（除供水公司管辖的）

所有与供水有关的设施，包括管网、洁具、水表、阀门、中水回用设施、集雨利用设施、灌溉设施、水景观供水设施、体育场馆供水设施、供水监管平台，以及与上述设施有关的设备运行场所及管理用房。双方商定上述范围的资产在合同节水管理协议的合同期内由乙方托管。

二、资产界定

托管资产中，节水改造所涉及的部分资产归乙方所有，其余的仍属于甲方资产。

第二条 托管费用

一、设备运行费用

设备运行费用主要指保持用水设施运营所需要的基本能耗（包括耗电、耗油等），主要包含节水改造前用水设施运行费用、节水改造新增用水设施运行费用。不含人工成本、设备日常维护和保养费用。

（一）节水改造前的用水设施运行费用。包括原有水泵、原有中水（灰水）回用系统、高层建筑二次供水加压系统、原有直饮水供水系统等及其他未在本次节水改造中涉及到的设备，其运行费用仍由甲方承担（在节水改造中因设备陈旧进行更新，但其原有用途不变的新用水设施，其运行费用仍由甲方负责）。

（二）节水改造后涉及的新增用水设施运行费用。包括出于节水目的安装的水泵、新增中水回用系统、新增的节水灌溉系统，费用由乙方负责。

二、设备维修费用

（一）用水设备或设施。本协议第一条中所述内容，日常保养费用由乙方保养外，设备更新改造等相关费用按第一条相关约定分别承担。

（二）地上管道系统。原有的地上管道系统日常维修费用由甲方负责，因节水技术改造新增的地上管道维修费用由乙方负责。

（三）地下管道系统。节水改造更新部分管道维修费用由乙方负责，其他部分日常简单维护（单项费用不超过 1000 元）由乙方负责，当发生爆管等维修事件时，其费用由甲方承担。

由于甲方新增基建项目或其他原因导致管道系统需要更新或维修时，其费用由甲方承担，尽管本管道属于节水改造涉及部分。

（四）洁具。包括水龙头、淋浴花洒、节水马桶、脚踏阀、节水小便盆（槽）等与节水相关的设备更新或维修由乙方负责。在本次节水改造中更新过的面盆、蹲坑、非节水马桶等与节水无关的洁具在保质期内由乙方负责相关维修费用。

除此之外，所有洁具维修及更新费用由甲方负责。

（五）其他设备维修。其他设备主要包括阀门、水表、中水（灰水）利用设备、灌溉系统设备、集雨利用等用水设施。

保质期内其维修费用由乙方承担。超过保质期后，维修费用双方单独共担，原则上相当于节水改造前数量的设备维修费用由甲方负担，节水改造后新增加（非更新的）数量的设备维修费用由乙方负担。

（六）用水设施更换。运行过程中发现部分设备影响节水效率需要更换时，由乙方提出的，其费用由乙方负责（尽管该部分设备不属于节水改造内容）。

三、维修费用承担原则

无论发生何种由乙方原因导致设备或系统更新或维修时，由乙方负担相应费用；由于甲方原因，如基本建设项目等导致供水系统发生设备更新或维修，发生的相关费用由甲方负责。

第三条 双方承诺

为保证学校安全供水，充分发挥节水改造的节水效益，在日常运营管理中，双方形成一致承诺，共同遵守：

一、尽责条款

在上述条款中规定的范围内，各负其责，不推诿，不扯皮，双方共同努力保障学校供水安全。

二、友好协商

双方充分发挥团结协作的优势，在本合同未明确约定的空白地带发生事件时，双方友好沟通，本着保证优先供水的第一原则，先处理事件后协商责任划分，协商不成时，可以通过仲裁或其他法律途径解决。

第四条　附则

一、未尽事宜

本协议未尽事宜，在项目合同运营期内，双方随时通过友好协商逐步完善。

二、协议份数

本协一式四份，双方各执两份。

甲方：_____大学（学校）

法人代表（或授权委托人）：

签约时间：

乙方：_____节水服务公司

法人代表（或授权委托人）：

签约时间：

参 考 文 献

［1］ 本书编写组．中共中央国务院关于加快水利改革发展的决定辅导读本．北京：中国水利水电出版社，2011．

［2］ 马克·德维利耶．水：迫在眉睫的生存危机．上海：上海译文出版社，2001．

［3］ 索丽生．节水与可持续发展．群言，2003（9）．

［4］ 刘颖秋．干旱灾害对我国社会经济影响研究．北京：中国水利水电出版社，2005．

［5］ 马海良，徐佳，王普查．中国城镇化进程中的水资源利用研究．资源科学，2014（2）．

［6］ 章光新，邓伟，何岩．我国北方地下水危机与可持续农业的发展．干旱区地理，2004（3）．

［7］ 张雪靓，孔祥斌．黄淮海平原地下水危机下的耕地资源可持续利用．中国土地科学，2014（5）．

［8］ 王新娜．我国城镇化进程中城市居民生活用水浪费的根源研究．干旱区资源与环境，2015（11）．

［9］ 薄仲年．我国城市供水安全问题研究．现代商贸工业，2016（1）．

［10］ 孟伟．我国的水污染现状与水环境管理策略．环境保护和循环经济，2014（7）．

［11］ 王浩．直面水危机．地球，2013（10）．

［12］ 张敏，张永波．城市地下水资源危机及其可持续开发利用对策．山西科技，2006（2）．

［13］ 郑通汉．中国水危机：制度分析与对策．北京：中国水利水电出版社，2006．

［14］ 张继群，张国玉，陈书奇．节水型社会建设实践．北京：中国水利水电出版社，2012．

［15］ 水利部水资源管理中心．全国节水型社会建设试点总结，2014．

［16］ 水利部综合事业局合同节水管理课题组．合同节水管理推行机制研究，2016．

[17] 苏云．基于社会水循环的节水型社会建设规划方法与实证研究．中国知网，2012（5）．

[18] 汪恕诚．水环境承载能力分析与调控．中国水利学会成立 70 周年大会讲话，2001.

[19] 钟韵，阎小培．我国生产性服务业与经济发展关系研究．人文地理，2003（18）．

[20] 陈劲．集成创新的理论模式．中国软科学，2002（12）．

[21] 文丰．集成创新矩阵的建构：基于技术链视角的集成创新模式研究．科技管理研究，2011（14）．

[22] 张卫涛．兴业银行合同能源管理公司融资服务管理研究．中国知网，2014（12）．

[23] 苏宁．论融资租赁的本质及其行业定位．福建师范大学学报，2011（9）．

[24] 白马鹏．供应链金融服务体系设计与优化．中国知网，2014（9）．

[25] 谢平，邹传伟．互联网金融模式研究．金融研究，2012（12）．

[26] 吴晓求．互联网金融：成长的逻辑．财贸经济，2015（2）．

[27] 阳旸．基于交易成本理论的互联网金融发展研究．中国知网，2014（4）．

[28] 杜斌．中国工业节水的潜力分析与战略导向．北京：中国建筑工业出版社，2008.

[29] 王金南．国家"十二五"环保产业预测及政策分析．中国环保产业，2010（6）．

[30] 唐文进，徐晓伟，许桂华．基于投入产出表和社会核算矩阵的水利投资乘数效应测算．南方经济，2012（11）．

[31] 孙淑云．水平衡测试与技术管理．北京：中国水利水电出版社，2016.

[32] 全国节约用水办公室．水平衡测试典型案例分析．北京：中国水利水电出版社，2013.

[33] 本书编写组．中共中央国务院关于加快水利改革发展的决定辅导读本．北京：中国水利水电出版社，2011.

[34] 中华人民共和国水利部．中国水资源公报 2013．北京：中国水利水电出版社，2014.

[35] 卫思宇．直面水危机．西部大开发，2014（Z1）．

[36] 中华人民共和国水利部．中国水资源公报 2014．北京：中国水利水

电出版社，2015.

[37] 环保部．我国 2.8 亿居民使用不安全饮用水．中国青年网，2014 - 3 -15.

[38] 张利平，夏军，胡志芳．中国水资源状况与水资源安全问题分析．长江流域资源与环境，2009（2）．

[39] 李保国，李韵珠，石元春．水盐运动研究 30 年（1973—2003）．中国农业大学学报，2003（S1）．

[40] 孔德财，袁汝华．水利科技 R&D 投入产业绩效评价．科技与经济，2011（2）．

[41] 李宝山，刘志伟．集成管理：高科技时代的管理创新．北京：中国人民大学出版社，1998.

[42] 中华人民共和国水利部．全国水资源综合规划技术大纲，2002.

[43] 邓伟．湿地格局与水安全．生态经济通讯，2004（11）．

后记

《中国合同节水管理》是我 1 年多业余时间学习的成果。它既是我对节水工作的思考、理解、归纳和总结，也是个人落实"节水优先、两手发力"的身体力行，现把它奉送于读者，希望能对我国节水事业发展有所裨益。

引起我对运用市场机制，创新节水模式进行认真思考的是《合同水资源管理模式初探》这篇文章，在对该文的主要观点进行学习剖析后认为，因为水资源管理是政府职能，是水行政管理的主要内容，不能运用市场机制、合同方式对水资源进行管理。因此，笔者认为合同水资源管理的概念不准确且容易引起误导和误解，但是，运用合同管理的方式开展节水技术改造却存在可行性，基于这个初步判断，水利部综合事业局组织开展了广泛的调研和相关理论研究，正式提出了合同节水管理的基本概念、商业模式、顶层设计，并于 2015 年召开了综合事业局党委务虚会，专题讨论合同节水管理相关问题。开始了组建实体和实施合同节水管理试点等一系列工作。所以，合同节水管理模式的提出是水利部综合事业局集体创新的成果。

合同节水管理工作得到了国家发展改革委、财政部、水利部领导和有关司局的关心、支持和帮助。在试点工作期间，陈雷部长、李国英副部长多次听取试点工作汇报，作出重要批示。国家发展改革委环资司、财政部农业司和水利部有关司局多次给予指导、支持和帮助。河北工程大学对高校合同节水管理试点作出了巨大的贡献。正是有了合同节水管理试点的成功，才有本书诞生的基础，在此向相关单位、部门和领导致以衷心的感谢。

感谢河北工程大学、北京国泰节水发展股份有限公司及其相关股东单位在我写作过程中提供了许多案例和数据。感谢我的同事曹淑敏、于春山、郭路祥、张继群、刘峰、汤勇生、徐睿、黄明谊等同志在我写作过程中给予的帮助和支持，没有这些案例、数据和他们的真诚帮助，这本书无论如何是写不出来的，在此向他们表示衷心的感谢！

由于时间、条件和理论水平所限，书中难免存在谬误，不当之处还请广大读者不吝赐教。